江苏省医药类院校信息技术系列课程规划教材

江苏省卓越医师药师（工程师）规划教材

新编大学计算机信息技术实践教程

主　编　翟双灿　印志鸿

副主编　张幸华　王瑞娟　白云璐

主　审　施　诚

U0310785

南京大学出版社

内容提要

本书是在教育部高等学校医药类计算机基础课程教学指导分委员会的指导下,以《高等学校医药类计算机基础课程教学基本要求及实施方案》为依据,结合医药类院校的实际教学情况而组织编写的。

全书共分9章的实验,包括PC的组装、操作系统、常用办公软件的操作、计算机网络与Internet、医学多媒体应用、医学信息系统和医学数据检索与分析。全书概念清晰,理论简明,知识新颖,材料实用,既与理论教材对应,又自成体系。

本书既符合计算机等级考试要求,又增添了医药相关知识的应用练习,特别适合医药类高等院校各专业及护校各专业的大学计算机信息技术课程的实验教材,也可作为医药类研究生计算机应用基础课程的参考教材,还可供医院医护人员、制药企业职工进行计算机知识能力培训时使用。

图书在版编目(CIP)数据

新编大学计算机信息技术实践教程/ 翟双灿,印志鸿主编. — 南京:南京大学出版社,2015.9(2017.2重印)

江苏省医药类院校信息技术系列课程规划教材

ISBN 978 - 7 - 305 - 15702 - 8

Ⅰ. ①新… Ⅱ. ①翟… ②印… Ⅲ. ①电子计算机—医学院校—教材 Ⅳ. ①TP3

中国版本图书馆 CIP 数据核字(2015)第 189111 号

出版发行 南京大学出版社
社　　址 南京市汉口路 22 号　　邮　　编 210093
出 版 人 金鑫荣
丛 书 名 江苏省医药类院校信息技术系列课程规划教材
书　　名 **新编大学计算机信息技术实践教程**
主　　编 翟双灿 印志鸿
责任编辑 刘群烨 苗庆松　　编辑热线 025 - 83592146
照　　排 南京理工大学资产经营有限公司
印　　刷 虎彩印艺股份有限公司
开　　本 787×1092　1/16　印张 12.5　字数 288 千
版　　次 2015 年 9 月第 1 版　2017 年 2 月第 4 次印刷
ISBN　978 - 7 - 305 - 15702 - 8
定　　价 25.80 元

网　　址:http://www.njupco.com
官方微博:http://weibo.com/njupco
官方微信号:njupress
销售咨询热线:(025)83594756

前　言

随着信息技术的飞速发展,高等院校计算机信息技术课程改革必须与时俱进。计算机信息技术课程在大学开设已经有较长的时间,相关教材也比较多。但是,适用于医药类高等院校的优秀教材仍相对欠缺。

本书是在教育部高等学校医药类计算机基础课程教学指导分委员会指导下,以《高等学校医药类计算机基础课程教学基本要求及实施方案》为蓝本,结合《全国计算机等级考试大纲》及《江苏省高等学校非计算机专业学生计算机知识与应用能力等级考试大纲》规定的一级考试的有关要求而组织编写的实验教材。医药类高等院校各专业的计算机信息技术公共课程,应该强调对学生的计算机实用知识和应用能力的培养,特别是医药信息技术相关的应用。本书使学生理论知识与实际操作紧密结合,为大学阶段学习及日后的工作打好坚实的基础。

本书将理论与实践有机整合,不但包含了新知识技术的应用,还提供了大量与专业融合的案例,便于教学的开展。本书共分9章,分别是PC的组装、操作系统、常用办公软件、计算机网络与Internet、医学多媒体应用、医学信息系统、医学数据检索与分析。

本书由翟双灿、印志鸿主编,负责整体策划及统稿。张幸华、王瑞娟、白云璐任副主编。全书编写分工如下:白云璐编写第1章、第2章、第3章;翟双灿编写第4章、第7章、第8章、第9章;张幸华编写第5章;王瑞娟编写第6章;印志鸿参与了本书后期的图片整理和书稿的编辑工作。全书由中国医药信息学会(CMIA)理论与教育分会主任施诚教授主审。

本书编写得到了各级领导及专家的大力支持和帮助,编写过程中也参阅了大量的书籍,包括网络资源,书后仅列出主要参考资料,在此一并表示感谢。由于时间仓促,加上编者水平所限,教材中难免有不当之处,敬请读者批评指正。编者 zscdd@163.com。

编者

2015 年 5 月 30 日于南京

目　录

第 1 章　PC 的组装

　　一台功能完整的 PC 通常包含主机和外设两大部分。主机中包括了 PC 运行的核心设备,如 CPU、主板、内存、硬盘、光驱、显卡、声卡、网卡、电源等。外部设备则是为用户提供与 PC 交互的设备,如键盘、鼠标、显示器、打印机、扫描仪等。在组装一台 PC 时,通常先将主机组装好,再将外部设备与主机相连。在 PC 的物理连接建立后,再安装相应的操作系统,使得 PC 能够正常工作。

实验一　PC 主机部件的组装

一、实验目的

　　1. 了解 PC 主机内部各部件的形态与功能
　　2. 掌握各部件之间的关系及安装位置
　　3. 掌握 PC 主机的安装过程

二、实验内容与步骤

1. 认识主机部件

　　PC 的主机通常是指主机箱及其内部所安装的部件,这些部件包括主板、CPU、内存、硬盘、光驱、显卡、声卡、网卡以及电源、风扇、数据线等。

　　① 主板。主板在 PC 中起着桥梁的作用,它提供各种插槽和接口,通过这些插槽和接口与其他硬件设备进行连接。主板是 PC 的中心枢纽,它性能的好坏将影响到整个 PC 的总体性能。主板通常安装在 PC 主机箱的底板上,通过螺丝固定。主板如图 1.1 所示。

　　② CPU。CPU 是 PC 的控制和运算中心,它负责 PC 中的各项计算和控制工作。目前,在 PC 中主要使用由 INTEL、AMD、VIA 等公司生

图 1.1　主板

产的 CPU。CPU 通过引脚安装在主板的 CPU 插座中,如图 1.2 所示。由于 CPU 在运行时产生的热量很大,因此通常在 CPU 上安装 CPU 风扇来进行散热,避免 CPU 因为温度过高而烧毁。

图 1.2　CPU 及 CPU 插座

③ 内存。内存是 PC 中的临时存储器,CPU 与其他设备间的数据交换通过内存来中转,因此内存容量的大小和运行的速度直接影响到 PC 的总体性能。内存通常安放在主板上的内存插槽中,通过两边的卡簧固定。目前 PC 中常用的内存类型有 DDR、DDR 2、DDR 3。不同类型的内存所对应的插槽不同,不能交换使用,如图1.3所示。

图 1.3　不同内存的区别

④ 硬盘。硬盘是 PC 中的永久性存储器,如图 1.4 所示,用来长期保存包括操作系统在内的各种软件和数据。目前,硬盘通常使用 SATA、SATA Ⅱ 接口经数据线连接到主板上,同时通过螺丝固定在机箱中。早期的硬盘也会使用 IDE、SCSI 接口。

图 1.4　硬盘

⑤ 光驱。光驱是 PC 用来读写光碟的设备，是 PC 中比较常见的配件，如图 1.5 所示。目前，根据读取光碟类型的不同，光驱可分为 CD 驱动器、DVD 驱动器。每一种驱动器又可分为只读驱动器和读写驱动器（即刻录驱动器）。目前，市场上还有一种介于 CD 驱动器和 DVD 驱动器之间的产品，称为康宝（COMBO），这种驱动器可以对 CD 光盘进行读写，还可以读取 DVD 光盘中的信息。

图 1.5　光盘驱动器

⑥ 显卡。显卡全称显示接口卡，是 PC 的重要组成部分之一，如图 1.6 所示。显卡的用途是将 PC 所产生的显示信息进行转换，传输给显示器进行显示，它承担着输出显示图形的任务。目前流行的显卡通常通过 PCI Express 插槽安装在主板上，也有一些显卡是集成在主板上的。

图 1.6　显卡

图 1.7　声卡

⑦ 声卡。声卡是将计算机产生的数字声音信号和模拟声音信号进行转换的设备，如图 1.7 所示。目前多数声卡是集成在主板中，也有一些高质量的声卡需要通过 PCI 插槽安装在主板上。

⑧ 网卡。网卡也称为网络接口卡（NIC，Network Interface Card），它是将 PC 连接到计算机网络的重要设备，如图 1.8 所示。目前，大多数主板都集成了网卡，也可以通过 PCI 插槽安装在主板上。

图 1.8　网卡

⑨ 机箱和电源。机箱的主要作用是放置和固定各种硬件部件，起到一个承托和保护作用。此外，机箱也具有屏蔽电磁辐射的作用。电源则是计算机中各个部件的动力来源，

通常安装在机箱内部。

2. 组装一台主机

① 组装前的准备工作。将所有部件摆放在工作台上,仔细阅读各个部件的说明书。再准备好螺丝刀、螺丝、数据线等配件和工具。

② 用螺丝刀卸下机箱背面的螺丝,取下盖板,将机箱平放在工作台上。将电源安放在机箱中的相应位置,利用螺丝固定。

③ 将主板平放在工作台上,将 CPU 安放在主板上的 CPU 插座中。注意 CPU 一角的三角形标记应对准插座中有缺口的一角。安放好 CPU 后,将 CPU 插座旁的拉杆按下,将 CPU 固定在插座中。如图 1.9 所示。在 CPU 背面均匀地涂抹上散热硅胶,然后将 CPU 风扇安装在 CPU 上,利用支架固定,同时将风扇的电源线插头插在主板上的风扇电源插座中。如图 1.10 所示。

图 1.9　CPU 的安装

图 1.10　CPU 风扇的安装

④ 将主板上内存插槽两边的卡子向两边打开,调整内存的位置,使得内存一边的缺口对准插槽中的突起,用力将内存插入插槽,同时将两边卡子推进内存两边的缺口中,固定好内存。如图 1.11 所示。

图 1.11　内存条的安装

⑤ 将安装好 CPU 和内存的主板安放在机箱底板上,注意应将主板上的螺丝孔对准底板上的螺丝孔,同时用螺丝将主板固定在底板上。某些情况下安装了 CPU 和内存的主板不易放入机箱,此时可先安装主板,再安装 CPU 和内存。

⑥ 将显卡按正确的方向插入主板上的 PCI Express 插槽中,同时用螺丝固定。如果需要独立安装声卡或者网卡,可将声卡或者网卡按正确的方向插入主板上的 PCI 插槽中,再用螺丝固定。如有其他类型的扩展卡,也可按以上步骤安装。

⑦ 将硬盘、光驱安装在机箱的相应位置,用螺丝固定。同时使用 SATA 数据线连接硬盘和主板,如图 1.12 所示,使用 IDE 数据线连接光驱和主板,再将电源中伸出的电源线插入硬盘和光驱的电源插座中。

图 1.12　SATA 硬盘与主板相连

⑧ 将机箱里的按钮连接线按照主板说明书上的指示插入主板上的连接插座中,最后将电源引出的主板供电线插头插入主板上的电源插座中。如图 1.13 所示。

至此,PC 的主机安装完毕。为了调试方便,在没有连接外部设备和安装操作系统之前,一般不盖上机箱盖板。通常等到 PC 软、硬件全部安装完毕后再合上盖板,安装螺丝固定。

图 1.13　主板电源线和控制线

实验二　PC 外部设备的连接

一、实验目的

1. 了解 PC 常用外部设备的形态与功能
2. 掌握常用外部设备与主机的接口类型与连接方式

二、实验内容与步骤

1. 认识常用外部设备

①键盘。键盘是 PC 必不可少的输入设备,用于向计算机输入相关信息。目前,常用的键盘使用 PS/2、USB 接口与主板相连。如图 1.14 所示。

②鼠标。鼠标是 PC 常用的输入设备,通常使用 USB 接口与主板相连。如图 1.15 所示。

图 1.14　键盘　　　　　　　　　　　　图 1.15　鼠标

③显示器。显示器作为 PC 必不可少的显示设备,用来向用户显示 PC 机运行的相

关信息。目前常用的是液晶显示器(LCD),如图 1.16 所示,对角线长度从 15 英寸到 21 英寸不等。阴极射线管显示器(CRT)已经较少使用,如图 1.17 所示。一种外观与 LCD 相同但是成像原理有所区别的 LED 显示器已经开始投放市场。显示器使用 VGA 或 DVI、HDMI 接口与显卡相连。

图 1.16   液晶显示器(LCD)   图 1.17   阴极射线管显示器(CRT)

④ 打印机。打印机是另一种输出设备,用来将 PC 中的信息打印到纸上。常见的打印机有针式打印机、喷墨打印机、激光打印机,如图 1.18 所示。目前,打印机通常使用 USB 接口与主机相连,也有部分打印机使用并行口与主机相连。

图 1.18   打印机   图 1.19   平板式扫描仪

⑤ 扫描仪。扫描仪是一种常见的输入设备,用来将现实中的图片、照片、书稿等转换成 PC 内部可处理的数字信息。日常使用的扫描仪通常有平板式、手持式和胶片式,其中平板式最为常见,如图 1.19 所示。扫描仪通常使用 USB 接口与主机相连,早期的扫描仪曾采用 SCSI 或并行接口与主机相连。

⑥ U 盘和移动硬盘。U 盘和移动硬盘是目前常用的移动式存储设备,如图 1.20 所示。相对于光盘,U 盘和移动硬盘不需要驱动器,通常使用 USB 接口直接与主机相连。同时具有抗磨损、易携带、容量大等优点。

图 1.20　移动硬盘和 U 盘

2. 连接外部设备

① 将键盘通过 PS/2 接口或者 USB 接口连接到 PC 主机上。在使用 PS/2 接口时需要注意插头中的引针应与接口上的孔对应。如图1.21所示。

② 将鼠标通过 USB 接口连接到主机上。

③ 将显示器的数据线一端的 VGA 插头插入主机显卡上的 VGA 接口中,并将两边的螺丝拧紧,使之不能脱落。如图 1.22 所示。

图 1.21　PS/2 接头和插座

图 1.22　VGA 线的连接

④ 将打印机、扫描仪等外部设备通过 USB 接口连接到主机。

⑤ 此时已经完成一台 PC 的全部硬件安装。接通电源,检测 PC 是否能够启动。

⑥ 当 PC 能够正常启动时,可以通过键盘对 PC 进行 CMOS 参数设置。

☞ 章节练习

1. 尝试不安装 CPU 风扇看计算机能否运行?

2. 观察是否有些显卡上、主板上也带有风扇?

3. 思考如果 PC 喇叭报警三声长蜂鸣音,是什么故障引起的?

4. 思考如果缺少鼠标 PC 能否正常启动? 缺少键盘呢?

第2章 操作系统

操作系统是计算机系统中运行的最基本的系统软件,通过操作系统用户可以管理整个计算机的硬件、软件、文档等。目前,常用的 PC 操作系统有 Windows、Linux 等。本单元以 Windows 7 为例介绍操作系统的安装和基本功能。

实验三 PC 操作系统的安装与维护

一、实验目的

1. 掌握 Windows 操作系统的安装过程
2. 掌握通过资源管理器与控制面板管理计算机软、硬件资源

二、实验内容与步骤

1. 安装 Windows 操作系统

通常 Windows 操作系统的安装文件以光盘作为存储介质,通过读取光盘来进行 Windows 系统的安装。用户也可以选择从网络上下载安装文件或是通过 U 盘来完成安装。为了便于普通用户安装 Windows 系统,整个安装过程是智能化的,并配有安装向导。用户只需要根据安装向导的提示,输入一些必要的信息即可完成系统的安装。本实验将完成 Windows 7 专业版 32 位系统的安装。

① 将 Windows 7 启动光盘放入光驱,在系统启动前进入 BIOS 设置界面,将光驱作为首选启动设备,重新启动计算机。

② 计算机启动后,会首先读取 Windows 7 安装光盘的引导信息,出现如图 2.1 的提示,按任意键进入 Windows 7 安装程序。

```
Press any key to boot from CD.._
```

图 2.1 光盘启动提示

③ 计算机开始加载安装程序,如图 2.2 所示,加载完成之后出现 Windows 7 的安装界面,依次选择为中文(简体),中文(简体,中国),中文(简体)—美式键盘,选择好了点击下一步,如图 2.3 所示,点击下一步后开始安装。

图 2.2　Windows 7 加载程序界面　　　　　　　　图 2.3　Windows 7 安装界面

　　④ 用户可以根据需要选择直接安装 Windows 7 或进行修复计算机,没有安装过系统的机器或者是想重新安装系统的用户可以选择"现在安装",如图 2.4 所示。

图 2.4　用户安装选择

　　⑤ 安装过程中会弹出 Windows 7 用户许可协议,如图 2.5 所示,勾选"我接受许可条款"点击下一步,弹出对话框选择用户想要进行的安装类型,选择"自定义",如图 2.6 所示。

　　　　图 2.5　用户许可协议　　　　　　　　　　图 2.6　选择进行何种安装

　　⑥ 安装程序将显示硬盘分区信息,用户可以根据硬盘的大小和实际的需要,改变硬

盘分区和容量。安装系统的驱动盘通常分配不少于 30GB 的容量,如图 2.7 所示,也可以先不做任何分区,系统安装完毕之后再进行分区。一般的系统中,分区的名称通常为字母形式,如 C、D、E 等,也有数字形式,例如,本文中的安装过程中出现了"磁盘 0 分区 2"。设置完成之后点击"下一步"。

图 2.7　硬盘分区信息

⑦ Windows 安装开始后会经过若干个环节,如图 2.8 所示,并且中间可能会出现多次自动重启的过程,用户只需要耐心等待即可,如图 2.9 所示。

图 2.8　Windows 7 安装环节显示

图 2.9　安装过程中的自动重启

⑧ 重启之后继续 Windows 7 的安装,此时,安装程序会对主机进行一些检测,为首次使用计算机做准备。如图 2.10 所示。完成检测之后,用户将开始对安装的 Window 7 系统进行一些基本的设置,分别是用户名与计算机名称的设置、账户密码的设置以及 Windows 7 产品密钥的输入,如图 2.11、2.12 所示。

图 2.10　安装程序检测计算机

图 2.11　用户名与计算机名设置

图 2.12　为账户设置密码

　　用户名与计算机名称必须要进行设置,密码可以直接选择"下一步"而不进行任何设置,安装完成之后再进入控制面板进行设置或更改。在 Windows 7 的有些版中可能还有产品密钥的输入,此部分也可以直接跳过,安装完成之后再进行产品的激活。

　　⑨ 设置账户密码之后,系统会要求用户选择 Windows 自动更新的设置,一般建议普通用户选择"使用推荐设置",如图 2.13 所示。之后进行时间日期与计算机所在网络的设置,如图 2.14、2.15 所示。

图 2.13　Windows 7 自动更新设置

图 2.14　设置 Windows 时间　　　　　　　　图 2.15　设置计算机当前网络

⑩ Windows 基本设置完成之后就会准备首次进入桌面，如图 2.16、2.17 所示。

图 2.16　欢迎界面　　　　　　　　　　　　图 2.17　正在准备桌面

至此，Windows 7 安装完成，出现 Windows 初始桌面，如图 2.18 所示。

图 2.18　Windows 初始桌面

2. 设置 Windows

对 Windows 系统的个性化设置,如主题、桌面背景、用户账户等,可以通过控制面板来实现,同时,控制面板中还能够对计算机添加输入法、安装程序等。

（1）打开控制面板

"控制面板"是 Windows 中提供的一组特殊的管理工具,是 Windows 中各种软、硬件安装、配置以及安全等功能性程序的集合,以方便用户对计算机进行管理。通过它可配置 Windows 的外观以及工作方式。用户可以通过以下方法打开控制面板:

① 单击"开始"按钮,单击"控制面板"项;

② 打开桌面上的"计算机",选择上方菜单栏中的"打开控制面板"。

"控制面板"有三种视图,窗口默认显示为类别视图,如图 2.19 所示。用户可以根据需要单击"查看方式"选择"大图标"或者"小图标"视图,如图 2.20 所示。

图 2.19　控制面板类别视图

图 2.20　控制面板小图标视图

　　在控制面板中,可以单击相应的系统工具图标运行某个系统工具,从而设置或管理计算机系统。

　　(2) 查看计算机的基本信息

　　在控制面板小图标视图中选择"系统",或者右击"计算机"选择"属性",打开后出现如图 2.21 所示的窗口,用户可以查看关于当前计算机的一些基本信息,如 Windows 版本、系统、计算机名称以及 Windows 激活信息等。

图 2.21　查看 Windows 基本信息

　　(3) 卸载程序

　　正常安装的程序,通常能够在开始菜单中找到该程序的删除程序,一般命名为"卸载 XXX",执行卸载程序就能够将应用程序从系统中删除。但也有部分程序没有在开始菜单中提供卸载程序,因此可以通过在控制面板中对程序进行卸载。打开控制面板的类别视图,选择"程序"功能下"卸载程序"之后,弹出"程序和功能"窗口,如图 2.22 所示。选择相应的程序,然后单击工具栏上的"卸载"按钮,根据提示操作就可以完成卸载工作。

图 2.22　通过控制面板卸载程序

（4）计算机管理控制台

"计算机管理"是 Windows 管理工具集，它将几个管理实用程序合并到控制台，提供对管理属性和工具的便捷访问。用户通过"计算机管理"可以管理本地计算机或是远程计算机。可以通过右击桌面上"计算机"图标，在弹出菜单中单击"管理"，打开"计算机管理"窗口，如图 2.23 所示。

图 2.23　管理计算机

"计算机管理"包含下面三个项目：系统工具、存储以及服务和应用程序，如图 2.24 所示。

图 2.24　计算机管理窗口

选择"系统工具"项目中的设备管理器,在中间窗口中会显示本地计算机中所有的硬件设备及其状态,如图 2.25 所示。

图 2.25　计算机设备管理窗口

（5）磁盘碎片整理程序

硬盘在使用一段时间后，由于反复写入和删除文件，磁盘中的空闲扇区会分散到整个磁盘中不连续的物理位置上，从而使文件不能存在连续的扇区类。这样，再读写文件时就需要到不同的地方去读取，增加了磁头的来回移动，降低了磁盘的访问速度。同时，一些零散的空间容量过小，无法进行信息存储，造成了空间的浪费。通过进行磁盘的碎片整理可以改善此现象。

依次选择"开始"菜单→"所有程序"→"附件"→"系统工具"→"磁盘碎片整理程序"选项，打开"磁盘碎片整理程序"窗口。在窗口中选择需要进行整理的逻辑盘符，先"分析磁盘"，再进行"碎片整理"。在分析和整理的过程中，窗口中会显示出相应的图形化的信息，如图 2.26 所示。

图 2.26　磁盘碎片整理

3. 打开资源管理器

资源管理器能够以分层的方式详细地显示计算机内所有文件的详细图表。使用资源管理器可以方便地实现对文件或文件夹的各种操作，如查看、移动以及复制等。用户可以只在一个窗口中浏览所有的磁盘和文件夹。

一般可以通过以下方法打开资源管理器：

① 单击任务栏中文件资源管理器快捷方式图标；

② 依次选择"开始"菜单→"所有程序"→"附件"→"Windows 资源管理器"；

③ 右击"开始菜单"，在弹出菜单中选择"打开 Windows 资源管理器"。

除了以上方法，还有其他方法可以打开 Windows 资源管理器，读者可以自行进行了解。打开的资源管理器窗口有几个主要的组成部分，其中左侧窗格中显示文件目录树，右侧窗格中显示当前的活动文件夹中的文件夹及文件，具体如图 2.27 所示。

图 2.27　资源管理器窗口

在左边窗格中,若驱动器或文件夹前面标有"▷",则说明该驱动器或文件夹包含有子文件夹。单击"▷"可展开其所包含的子文件夹,"▷"号变为"◢"号,表明该驱动器或文件夹已被展开。如果需要再折叠,则单击"◢"号即可。在右边窗格中显示的是当前选中的驱动器或文件夹中包含的文件夹及文件。

实验四　Windows 基本操作

Windows 是微软基于图形界面开发的操作系统,用户对计算机资源的管理与控制都是通过各种图形画面和符号命令来操作实现的。在 Windows 系统中,大多数的工作都是以"窗口"的形式展现,每一项正在进行的工作对应桌面上打开的一个窗口;当窗口关闭,对应的工作也就结束。用户可以结合键盘与鼠标实现对操作系统的图形界面进行操作以实现对任务的控制。

一、实验目的

　　1. 掌握桌面、"开始"菜单、快捷方式等的使用方法
　　2. 掌握文件与文件夹的管理

二、实验内容与步骤

1. 认识 Windows 7 的桌面与任务栏

通过正常开机启动 Windows 操作系统之后,会自动进入 Windows 桌面状态,如图 2.28 所示。所有打开的程序或文件夹窗口均在桌面上进行显示,还可以将一些对象以图

标的形式随意排列在桌面上,通常为用户最常用的程序或文档。就好像现实中书桌一样,在桌面摆放最常用的书本,而其他不常用的则放在抽屉里,无论想要看哪本书都必须拿到桌面上来看。Windows 的桌面界面由图标区域和任务栏两部分组成,图标用来代表一个对象,可以是文件,也可以程序对象,系统初始时默认只有"回收站"。图标顺序排列于桌面,由上到下、自左向右依次排开。双击桌面上的图标对象,能够打开相应的程序或文件。任务栏通常默认置于桌面的底端,也可以由用户自定义放置于桌面的两侧或顶端。

图 2.28　Windows 7 桌面

(1) 在桌面创建快捷方式

图标可以是对象本身,也可以是对象的"快捷方式"。例如,用户可以创建一个文本,同时也可以创建该文本的快捷方式。快捷方式是对象本身的一个链接,而不是对象本身,因此文件很小。快捷方式中包含了对象的详细位置信息,双击快捷方式的效果等同于双击对象本身,均能打开该对象。对象本身的图标显示与快捷方式不同,快捷方式图标左下角有一个箭头,如图 2.29 所示。用户既可以在桌面上,也可以在某个文件夹下建立快捷方式。

图 2.29　文本图标与文本快捷方式

创建快捷方式的方法有三种:

① 在需要创建快捷方式的空白处右击,在弹出的快捷菜单中选择"新建"→"快捷方式(S)",在弹出的对话框中输入对象的详细位置信息,也可以通过"浏览"按钮寻找该对象,如图 2.30 所示。单击"下一步",输入快捷方式名称,最后单击"完成"按钮,完成该对象快捷方式的创建。文件夹对象也可以通过该方式创建快捷方式。

图 2.30　创建快捷方式

②　选中需要创建快捷方式的对象(应用程序或文件、文件夹),鼠标右键拖动到需要目标位置,松开鼠标,系统会弹出菜单选项,选择"在当前位置创建快捷方式",完成快捷方式的创建。

③　右击选中需要创建快捷方式的对象,在弹出的快捷菜单中选择"创建快捷方式(S)",即可在当前对象所处的文件夹中创建快捷方式。若想改变快捷方式的存放位置,可以通过复制或剪切将快捷方式粘贴到目的位置。

(2)　查看任务栏与"开始"菜单

通常在桌面底部的灰蓝色长条状区域称为任务栏。任务栏的特点是无论桌面当前打开什么窗口,任务栏始终会显示在屏幕下方。任务栏主要由四个部分组成:主要由"开始"菜单、应用程序区、语言选项带(可解锁)和通知区域,如图 2.31 所示。其中应用程序区由固定到任务栏中的快捷方式图标与活动任务按钮组成,两者之间没有明显的区域划分。系统默认的刚启动的 Windows 7 任务栏左侧有三个默认的图标(IE 浏览器、Windows 资源管理器和 Windows Media Player)。

图 2.31　Windows 任务栏

单击"开始"按钮,系统就会弹出如图 2.32 所示的"开始"菜单。"开始"菜单包含三个部分,分别是最近使用程序区、搜索框和系统控制区。最近使用程序区列出了一部分常用的程序列表以及刚安装的程序,搜索框能够实现在计算机中查找程序和文件,系统控制区提供对系统功能的设置以及常用文件的访问。通过"开始"菜单,几乎可以完成 Windows 中的所有操作。

当前用户图片

当前用户名

库名

系统控制区

最近使用程序区

所有程序浏览

搜索框

图 2.32　Windows 开始菜单

（3）将程序锁定到任务栏

用户可以通过拖放的方式，或者右击程序对象，在弹出的菜单中选择"锁定到任务栏（K）"即可将自己常用的应用程序锁定在任务栏中，如图 2.33 所示。注意，仅可以将应用程序进行锁定，文件和文件夹对象不可，如果以拖动的方式将文件或文件夹附到任务栏中会自动将关联的默认打开的应用程序进行锁定，同时对象本身也会被锁定至该程序文档列表上部的"已固定"项目中，如图 2.34 所示。若要将列表中的对象解锁，只需要单击列表中文件对象后端的 📌 符号。

图 2.33　把程序锁定到任务栏

图 2.34 把文件对象锁定到列表

（4）切换窗口与窗口预览

打开的程序、文件或文件夹对象都会在任务栏生成对应的按钮。按钮的出现说明当前对象的作业正在执行中，每一个按钮分别对应于某个已经打开的应用程序窗口，文件对象则会创建打开该类型文件的应用程序的按钮，如图 2.35 所示是执行一些应用程序后的任务栏。由于任务栏中存在被锁定的快捷方式图标，因此为了区分当前活动窗口对应的按钮和非活动状态下的快捷方式图标，Windows 7 将活动程序的按钮设置显示为有边框，类似于凸出形状，而非活动的快捷方式图标则无任何效果。用户可以通过单击任务栏中某个按钮来将此窗口切换为当前活动窗口。当关闭某个应用程序时，该程序所对应的按钮将会在任务栏中消失。

图 2.35 执行部分应用程序后的任务栏

Windows 7 为用户提供了便利的窗口预览功能，只要将鼠标悬停于任务栏的某个上按钮即可预览到该应用程序的窗口，如图 2.36 所示。

图 2.36 窗口预览

右击任务栏中应用程序按钮，可以显示最近执行的任务等信息，如图 2.37 所示。

图 2.37 右击任务栏中的按钮

（5）设置通知区域

任务栏最右边为通知区域，通知区域中显示系统时间、网络连接状态、当前输入法以及一些正在运行的应用程序图标，Windows 7 还特别设置了显示桌面的功能，位于通知区域的右边，如图 2.38 所示。

图 2.38　Windows 通知区域

2. 文件和文件夹的操作

（1）新建文件或文件夹

新建文件夹或文件的操作均在资源管理器中完成。打开资源管理器的方式详见实验三。打开资源管理器后，在左侧窗格中浏览至当前需要新建文件夹的目标文件夹或驱动器，之后有以下三种方式可以新建文件夹：

① 在左侧窗格中在已选中的目标对象名称上右击，或是在右侧窗格空白区域右击，在弹出菜单中选择"新建"→"文件夹"；

② 单击工具栏中的"组织"按钮或是菜单栏中的"文件"按钮，在弹出的下拉菜单中选择"新建"→"文件夹"；

③ 直接单击工具栏中的"新建文件夹"按钮。

选择任一种方式新建文件夹后，会在右边窗口中出现一个名称为"新建文件夹"的新文件夹，如果需要更名则直接进行输入即可，如不需要，则可以通过单击空白区域或按回车键。

在文件夹中新建文件的方法是在右窗格中空白区域右击，在弹出菜单中选择"新建"，之后再选择需要新建文件的类型，如文本文档、Word 文档等。系统会在此文件夹中新建一个该类型的文件对象。

（2）文件及文件夹的选取

在进行文件及文件夹的相关操作之前需要选中相应的文件或文件夹，选择的方法如下：

① 选择单个文件或文件夹。单击相应的文件或文件夹；

② 选择连续的文件或文件夹。单击第一个文件或文件夹，按住【Shift】键，再单击要选择的最后一个文件或文件夹，则所有包含在这两者之间的所有文件或文件夹对象将被选中；

③ 选择多个间隔的文件或文件夹。按住【Ctrl】键，逐个单击相应的文件或文件夹。

当要取消对某个文件或文件夹的选中时，可以使用上述相同的方法逐个减少，或者单击空白区域，取消选择的全部文件或文件夹。

（3）文件或文件夹的复制、粘贴

将一个文件或者文件夹复制到另一个地方实质是在目标地址生成了与源文件具有完全相同内容的新文件。复制的方式有多种：

① 鼠标拖动。单击选定要复制的文件或文件夹对象，按下【Crtl】键，按住鼠标左键将选定的对象拖动至目标文件夹中，然后松开鼠标与【Crtl】键即可；

② 快捷键方式。选定要复制的对象，按下【Crtl＋C】键，或右击从弹出的菜单中选择"复制"命令，然后浏览窗口至目标文件夹或驱动器中，按下【Crtl＋V】键，或是右击在弹出菜单中选择"粘贴"命令即可；

③ 菜单复制到文件夹。选定要复制的文件和文件夹，单击菜单中的"编辑"→"复制"命令，然后浏览窗口至目标文件夹或驱动器中，单击菜单中的"编辑"→"粘贴"命令；或是直接在菜单中选择"编辑"→"复制到文件夹"命令，在"复制项目"窗口中选择目标文件夹或驱动器；

④ 发送到。如果要把选定的对象复制到移动设备中，可以右击之后，选择"发送到"命令，在子菜单中选择相应的设备。

（4）文件或文件夹的移动

文件或文件夹的移动与复制操作相类似，实质是将原始的文件进行了存储位置上的转移。移动操作也可以有以下几种方式：

① 鼠标拖动。单击选定要移动的文件或文件夹对象，若目标移动位置与原始位置同在一个驱动器内，则按住鼠标左键将选定的对象拖动至目标文件夹中即可，若不在同一驱动器中，则需要先按下【Shift】键再进行拖动；

② 快捷键方式。选定要移动的对象，按下【Crtl＋X】键，或右击之后从弹出的菜单中选择"剪切"命令，然后浏览窗口至目标文件夹或驱动器中，按下【Crtl＋V】键，或是右击在弹出菜单中选择"粘贴"命令即可；

③ 菜单移动到文件夹。选定要移动的对象，单击菜单中的"编辑"→"剪切"命令，然后浏览窗口至目标文件夹或驱动器中，单击菜单中的"编辑"→"粘贴"命令；或是直接在菜单中选择"编辑"→"移动到文件夹"命令，在"移动项目"窗口中选择目标文件夹或驱动器；

（5）文件或文件夹的删除

删除文件或文件夹有四种方法可供选择，首先选中需要删除的文件：

① 单击资源管理器窗口中的"文件"菜单→"删除"菜单项，在"确认文件删除"对话框中选择"是"，即可将文件放入回收站；

② 也可以采用右击选中的文件，在弹出菜单中选择"删除"；

③ 直接按下【Del】键进行删除；

④ 或是将对象直接拖入回收站中来进行删除。

通过以上方式删除的文件或文件夹将存放在回收站中，利用"清空回收站"可以将回收站中的文件和文件夹彻底删除。右击回收站图标，在弹出的菜单中单击"清空回收站"菜单项，再单击询问对话框中的"是"即可清空回收站。

在删除的过程中，如果需要直接彻底删除，而不是转移到回收站中，则可以在单击"删除"菜单项或按下【Del】键的同时按住【Shift】键即可。

（6）文件或文件夹的重命名

选中文件或文件夹对象，单击资源管理器菜单中的"文件"→"重命名"命令，在右侧窗格中对象的名称部分会出现类似于文本选中光标闪动的现象，此时用户就可以进行新名称的输入，完成之后单击空白区域即可。也可以直接右击对象，在弹出的菜单中单击"重命名"完成重命名。

（7）文件或文件夹属性的设置

在 Windows 操作系统中，文件或文件夹通常有"只读"、"隐藏"、"存档"等属性，用户可根据需要修改其属性。

右击选中的文件，单击弹出菜单中的"属性"，或资源管理器中的"文件"菜单→"属性"命令，弹出文件属性对话框。根据需要自行勾选"属性"对话框中的"只读"、"存档"以及"隐藏"，使方格中出现"√"。单击"确定"按钮，使新属性生效。

（8）显示、隐藏文件及其后缀名

Windows 系统能够将属性为隐藏的对象进行隐藏，即对用户不显示。当用户需要该类文件或文件夹对象能够以一种区别的方式进行显示时，可以采取以下方式。在资源管理器中，选择菜单栏中的"工具"→"文件夹选项"，或是工具栏中的"组织"→"文件夹和搜索选项"，打开"文件夹选项"对话框。单击"查看"选项卡，在"高级设置"的窗口中，浏览至"隐藏文件和文件夹"设置选项，根据需要选择显示或不显示隐藏对象。

如果想要查看所有文件的扩展名，取消"隐藏已知文件类型的扩展名"的勾选，如图2.39 所示。

图 2.39　显示隐藏的文件、文件夹和驱动器

☞章节练习

1. 用 iso 镜像文件方式安装 Windows 7。

2. 用 U 盘方式安装 Windows 7。

3. 在安装类型中以"升级"方式安装 Windows 7。

4. 在 D 盘中创建名为 X1、X2、X3 的文件夹,并将 X1 设置为隐藏属性,并设置系统不显示隐藏文件与文件夹。

5. 在 X2 文件夹中创建名为 a1 的文本文档,在 X3 中创建名为 b1 的 Word 文档,并将 b1 设置为只读,设置显示文件后缀名。

6. 在 X2 文件夹中创建 b1 的快捷方式。

7. 将文件 a1 复制到桌面,命名为 a2。

8. 删除文件 a1。

第3章 计算机网络与Internet

随着信息技术的不断发展，计算机网络越来越普遍。Internet为人们提供了丰富的信息资源。本单元将介绍小型局域网的组建方法、Internet网页访问以及电子邮件的收发。

实验五 小型局域网的组建

一、实验目的

  1. 掌握局域网的组成

  2. 掌握夹线钳、测线器、无线路由器的使用方法

  3. 掌握 Windows 网络连接的设置方法

  4. 掌握无线路由器的设置方法

二、实验内容与步骤

1. 制作双绞线

  ① 使用夹线钳剪切比连接长度略长的双绞线，多出10厘米为宜。使用夹线钳的刀片将双绞线两端的保护套剥去大约2厘米。

  ② 将双绞线内部的导线整理齐，按照568B的排线方式重新排列8根导线，即"橙白，橙，绿白，蓝，蓝白，绿，棕白，棕"的顺序，如图3.1所示。

图 3.1　568B　排线方式

③ 使用夹线钳将 8 根导线剪切整齐,留下约 1.2 厘米的长度。

④ 将水晶头无卡簧的一面向上,再将 8 根导线插入水晶头中塞紧,在插入时避免导线错位、不齐等,如图 3.2 所示。

图 3.2　将双绞线插入水晶头　　　　　　图 3.3　将水晶头刀片压入双绞线中

⑤ 将水晶头插入夹线钳的孔槽中,用力按下夹线钳的手柄,将水晶头中的刀片压入导线中,如图 3.3 所示。在此过程中应用手指捏紧水晶头与双绞线的交接处,防止导线滑落或错位。

⑥ 按同样方法安装双绞线另一头的水晶头。

⑦ 使用测线器检测所制作的双绞线是否畅通,即测线器两边的信号灯同时依次闪烁。

2. 架设小型局域网

① 使用双绞线将 PC 连接到交换机,当网卡和交换机上的信号灯都亮起,说明物理连接畅通。

② 使用双绞线将打印机或者打印服务器连接到交换机上,以提供网络打印服务。

③ 使用双绞线将交换机连接到 ADSL Modem 或者上层交换机上。此处应注意,如果是连接到上层交换机,则使用的双绞线应一头用 568A(排线方式)(白绿,绿,白橙,蓝,白蓝,橙,白棕,棕),一头用 568B 排列导线,称为交叉线。

3. 设置网络属性

① 在控制面板中打开"网络和 Internet"→"网络和共享中心",或是单击(左键、右键均可)任务栏通知区域中的 图标,再选择"打开网络和共享中心",如图 3.4 所示。

② 在左侧窗格中选择"更改适配器设置",右击"本地连接"→"属性",打开"本地连接属性"对话框,如图 3.5 所示。

图 3.4　网络和共享中心

图 3.5　网络连接属性

图 3.6　Internet 协议对话框

　　③ 在"此连接使用下列项目"窗口中选择"Internet 协议版本 4(TCP/IPv4)",单击属性按钮,弹出"Internet 协议版本 4(TCP/IPv4)属性"对话框,如图 3.6 所示。

　　④ 在属性对话框中根据网管分配的 IP 地址设置 IP 地址、网关、DNS 服务器地址。如果是建立内部局域网则可以使用保留地址。为了能够使得局域网内部计算机正常通信,这些计算机所设置的 IP 地址应在同一网段。

　　⑤ 设置完成后,可以在命令行中运行 PING 命令来检测局域网内部计算机之间能否正常通信,如图 3.7 所示。

图 3.7　PING 命令信息

实验六　访问 Internet

一、实验目的

1. 掌握浏览器的使用方法
2. 掌握搜索引擎的使用方法

二、实验内容与步骤

1. 浏览网页

（1）打开 Internet Explorer 浏览器

Windows 7 中自带的浏览器为 Internet Explorer（简称 IE，本书以 IE 11 为例），打开 IE 可以双击桌面图标或是单击锁定在任务栏中的图标，也可以在"开始"菜单→"所有程序"中选择 Internet Explorer。

（2）认识 IE 11 窗口的组成

启动 IE 浏览器之后，打开的网页会以选项卡的方式进行显示，在一个 IE 窗口中可以打开多个网页，即多个选项卡，也可以在新窗口中打开网页。IE 窗口中设置有几个常用功能栏，如前进后退、地址栏、选项卡等。

① 后退、前进 ⬅ ➔ 。网页浏览中返回之前浏览的网页可以通过点击前进、后退按钮，只有当网页可以返回或前进时，箭头颜色才会变为蓝色，否则显示为灰白色。

② 地址栏。地址栏中包括了地址输入的文本框，以及右侧的"搜索"、"显示地址栏自动完成"和"刷新"这几个在打开网页时需要用到的功能按钮。可以在文本框中输入 URL 后按回车键打开一个新网页，也可以通过输入一定的关键词，单击"搜索"按钮，使用设定的搜索引擎查找。点击"自动完成"按钮能弹出一个下拉窗口，窗口中可以显示过往的浏览记录、收藏夹、源以及一些通过搜索获得的匹配地址，具体的内容可以根据用户的需要进行个性化设定。单击"刷新"按钮可以刷新网页，网页加载过程中，"刷新"会变成"停止"按钮，显示为" ✖ "图标，单击"停止"按钮可以停止网页加载。

③ 选项卡。选项卡是网页在浏览器中的显示。选项卡左端显示网站的图标，其后为

网页的名称。正在打开网页的图标显示为"〇",没有设置图标的网站将显示为" "。单击选项卡右端的关闭图标" ✕ "可以关闭该选项卡。当 IE 窗口中同时打开多个选项卡,在关闭 IE 窗口时会弹出对话框,提示是"关闭当前选项卡"还是"关闭所有选项卡"。

④ 主页。"主页"按钮可以访问浏览器当前设定的主页。

⑤ 收藏夹。"收藏夹"按钮功能中包含了收藏夹、源和历史记录的查看功能,如图 3.8 所示。单击"源"或"历史记录"选项卡可以切换到相应功能。

图 3.8　收藏夹列表

⑥ 工具。"工具"按钮能够实现对 IE 浏览器的一项具体设置。

（3）访问网页

选择要打开网页的选项卡,可以是某个已打开的网页选项卡,也可以在新建选项卡中。然后在 IE 的地址栏输入"http://www.baidu.com",按【Enter】键,IE 将显示百度搜索引擎的主页,如图 3.9 所示。

图 3.9　百度搜索引擎

2. 搜索信息

① 在如图 3.9 所示中的搜索栏中输入"新浪",按下【Enter】键,百度搜索引擎将显示出搜索的结果,如图 3.10 所示。

② 在结果中单击"新浪首页"链接,IE 浏览器中将弹出新浪网的页面。

③ 在新浪网的主页面中单击"教育"链接,IE 将打开"新浪教育"的网页。

图 3.10　搜索结果

3. 保存相关网页

　　① 单击 IE 浏览器中的"工具"按钮，选择"文件"→"另存为（A）…"，弹出"保存网页"对话框。

　　② 在"保存网页"对话框中选择保存目录，输入文件名，单击"保存类型"下拉菜单，可以选择"网页，全部（*.htm，*.html)"、"Web 档案，单一文件（*.mht)"、"网页，仅 HTML（*.htm，*.html)"或"文本文件（*.txt)"，共四种保存类型。如图 3.11 所示。

图 3.11　保存网页

4. 设置 IE 主页

　　用户可以把经常浏览访问的页面设置为主页以节省时间和提高效率。点击打开"工具"按钮选择"Internet 选项",打开"Internet 选项"对话框,在"常规"选项卡中的"主页"区域,输入想要设为主页的地址,也可以选择地址输入框下方的"使用当前页"、"使用默认值"或"使用新选项卡",如图 3.12 所示。

图 3.12　设置 IE 主页

实验七　Outlook

一、实验目的

　　1. 掌握在线电子邮箱的使用方法
　　2. 掌握 Outlook 的使用方法

二、实验内容与步骤

1. 通过 IE 浏览器申请免费的电子邮箱

　　在 Internet 中有很多提供免费电子邮箱的网站,国内比较著名的有新浪、网易等网站,用户可以选择任意一个提供免费电子邮箱的网站进行申请。

　　在 IE 地址栏中输入"http://www.126.com",IE 将打开该网站的主页,如图 3.13 所示。单击网页中的"注册"按钮进入注册页面,如图 3.14 所示,根据自身需要选择注册字母邮箱、手机号码邮箱或 VIP 邮箱,本文以字母邮箱为例,按照页面中的向导提示输入个人相关信息后即可完成电子邮箱的注册。

图 3.13 126 免费电子邮箱

图 3.14 邮箱注册页面

完成电子邮箱的注册后,进行登录,就可以进入邮箱使用界面,如图 3.15 所示。

单击界面中的"收信"按钮,即可看到发送给自己的邮件。单击"写信"按钮,即可写信发邮件给其他人。

注意,每次通过 IE 使用完电子邮箱后,应单击电子邮箱页面中的"退出"链接,正常退出电子邮箱,以避免电子邮箱被盗用及个人信息的泄密。

图 3.15   126 邮箱收发邮件界面

2. 使用 Outlook 2010 收发邮件

（1）启动 Outlook

首次启动 Outlook 会出现配置账户向导，可以直接根据向导提示进行账户设置，也可以先下一步然后根据提示选择没有账户直接进入 Outlook，如图 3.16 所示。

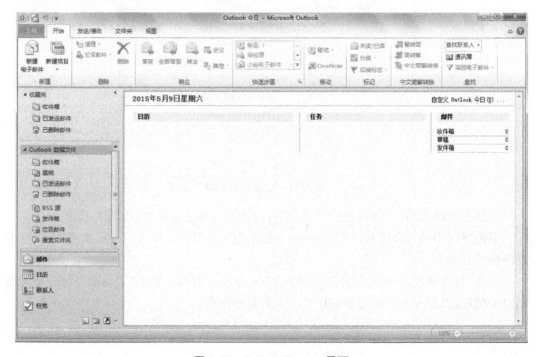

图 3.16   Outlook Express 界面

（2）在 Outlook Express 中设置电子邮箱

注意,在进行 Outlook 设置电子邮件账户之前需要先开启对应账户中 POP3 服务和 SMTP 服务,用户可以在 IE 浏览器中访问电子邮箱系统进行设置,如图 3.17 所示。

图 3.17　邮件服务器信息

单击"文件"选项卡,选择"信息"→"添加帐户",如图 3.18 所示,弹出"添加新帐户"对话框,如图 3.19 所示。

图 3.18　添加账户

图 3.19　添加新账户窗口

选择"手动配置服务器设置或其他服务器类型"选项,继续选择服务中的"Internet 电子邮件",如图 3.20 所示,进入下一步。此时会进入"Internet 电子邮件设置"窗口中,输入相应的信息,如姓名、邮件地址、邮件发送和邮件接收服务器等。如图 3.21 所示。

图 3.20　选择 Internet 电子邮件

图 3.21　电子邮件设置

通常很多免费电子邮件网站,在用户使用 Outlook Express 发送电子邮件时,需要进行身份验证,对于添加的电子邮箱必须设置相关选项才能正常地使用 Outlook Express 来发送电子邮件。因此相关信息输入完成之后要单击打开"其他设置",选择"发送服务器"选项卡,勾选"我的发送服务器(SMTP)要求验证",如图 3.22 所示。然后"确定",继续点击"下一步"。

图 3.22　Internet 电子邮件设置

Outlook 会开始自动联机搜索服务器测试账户设置。一直到账户测试完毕,出现如图 3.23 所示信息,则说明账户设置成功。单击"关闭",在弹出对话框中点击"完成",如图 3.24 所示。

图 3.23　测试账户完成　　　　　图 3.24　添加新账户完成窗口

（3）使用 Outlook 发送电子邮件

单击"开始"选项卡，点击"新建电子邮件"按钮，Outlook 将建立一封新的电子邮件。在新邮件中的"收件人"一栏中输入接收方的电子邮件地址，在"主题"一栏中输入邮件的主题，在正文部分输入邮件正文内容，如图 3.25 所示。

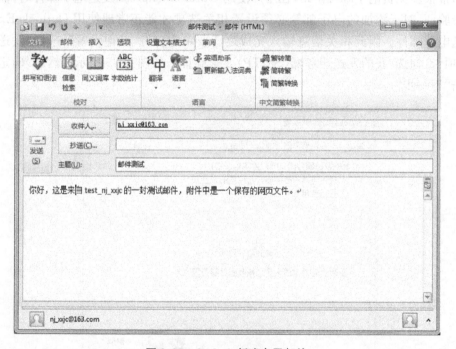

图 3.25　Outlook 新建电子邮件

单击"添加"功能区中的"附加文件"，或是单击"插入"功能选项卡，选择"附加文件"，在弹出的"插入文件"对话框中选择之前保存的新浪教育的网页文件，单击"插入"按钮完成附件的添加，如图 3.26 所示。

图 3.26 插入附件

单击新邮件中的"发送"按钮,Outlook 会把该邮件存储到发件箱中,在默认情况下该邮件将被立刻发送。

(4) 使用 Outlook 接收电子邮件

单击切换至"发送/接收"选项卡,单击"发送/接收所有文件夹"按钮,Outlook 将从邮件服务器接收新收到的电子邮件,在收件箱中可以进行查看,如图 3.27 所示。左侧的白色窗格为信件列表,已打开的信件图标显示为" 🖃 ",未打开过的显示为" ✉ "。单击选中信件,内容在右侧白色窗格中进行显示。

图 3.27 Outlook 收件箱查看信件

带有附件的邮件会在标注信件发送时间的下方有一个类似别针的图标,即" @ ",并且在邮件内容展示的窗口中,出现了两个选项卡,一个显示为邮件图标" ✉邮件 ",另一个显示为附件名称与附件类型,即" 📄文本文档.txt (103 B) "。如果是多个附件,均会依次以选项卡形式排列开来,单击选项卡可以进行切换。

附件可以在内容展示窗格中点击"预览文件",或者单击在功能区出现的"附件工具"功能选项卡,在"动作"功能组中选择"打开"直接浏览,或者"另存为"保存到本地浏览,如果信件中包含多个附件,也可以选择"保存所有附件"。如图 3.28 所示。

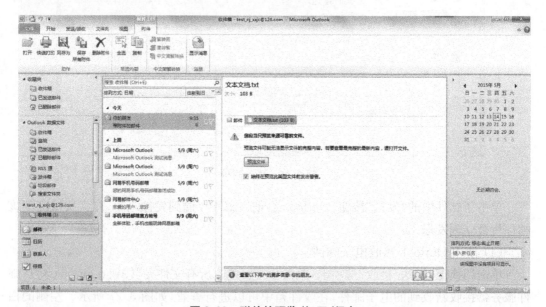

图 3.28　附件的预览/打开/保存

☞章节练习

1. 思考如何在两台计算机之间共享文件夹?
2. 思考如果局域网内部使用了 DHCP 服务器,IP 地址应如何设置?
3. 通过 PING 命令检测新浪服务器的响应速度。
4. 使用搜索引擎在百度搜索 MP3 音乐,并下载至本地。
5. 在地址栏中输入"http://www.sina.com.cn"方式访问新浪首页,打开"新闻"链接。
6. 将百度首页内容以文本文件的格式保存到 D 盘 X2 文件夹下。
7. 通过在线邮箱系统给自己发一封邮件,正文内容为"你好,这是我自己的信",主题为"来自自己的信",添加附件为 X2 文件夹下的 b1 文档。
8. 使用 Outlook 接收信件,将附件保存到桌面。

第4章 Word 操作

Word 2010 是 Microsoft 公司开发的 Office 2010 办公组件之一，是目前最常用的文字编辑软件之一，是一种集文字处理、表格处理、图文排版和打印于一体的办公软件。利用 Word 2010 的文档格式设置工具，可轻松、高效地组织和编写具有专业水准的文档。

实验八 Word 的基本操作

一、实验目的

1. 掌握 Word 2010 的创建、保存及打开等基本操作方法
2. 掌握输入文本和编辑文本的方法
3. 掌握插入表格的方法
4. 掌握艺术字、图片的使用

二、实验内容与步骤

1. Word 的启动

启动 Word 有多种方法，常用下列两种方法之一。

① 通过"开始"菜单启动 Word。单击"开始"按钮，选择"开始"菜单中的"所有程序"→"Microsoft Office"→"Microsoft Word 2010"命令。如果"开始"菜单左侧的最近使用的程序区中出现 Microsoft Word 2010，则可直接选择"Microsoft Word 2010"。

② 通过在"Windows 资源管理器"中双击 Word 文档文件名启动 Word。则会先启动 Word 程序，然后装入该 Word 文档。

启动 Word 程序就可打开 Word 窗口，如图 4.1 所示。

图 4.1　Word 窗口组成

2. Word 窗口的组成

如图 4.1 所示，Word 2010 使用功能区选项卡来代替先前版本的菜单、工具栏，功能区是按应用来分类的，把相同的应用分配到一个选项卡中，以简化用户的操作。Word 2010 窗口由下面几部分组成。

（1）标题栏

标题栏显示正在编辑的文档的文件名以及所使用的软件名（Microsoft Word）。

（2）快速访问工具栏

快速访问工具栏是一个可自定义的工具栏，它包含一组独立于当前显示功能区上选项卡的命令。常用命令位于此处，如"保存"、"撤销"、"恢复"等。用户可以添加个人常用命令，单击"自定义快速访问工具栏"按钮，在列表中选择要显示的命令。也可以向快速访问工具栏添加其他命令。在功能区上，单击相应的选项卡或组以显示要添加到快速访问工具栏的命令。右击该命令，在弹出的快捷菜单中选择"添加到快速访问工具栏"命令。

（3）"文件"选项卡

Word 2010 中，"文件"选项卡包含了"保存"、"另存为"、"打开"、"关闭"、"新建"、"打印"和"选项"等其他一些命令。

（4）功能区

Word 2010 用功能区代替以前版本的菜单和工具栏。工作时需要用到的功能命令位于功能区，功能区上的选项卡按照命令的功能分别设置在不同的选项卡上，每个选项卡都与一种类型的活动相关，旨在帮助用户快速找到完成某一任务所需的命令。每个功能区根据功能的不同又分为若干个组。单击选项卡名称可切换到其他选项卡。

（5）文档编辑区

窗口中部大面积的区域为文档编辑区,用户输入和编辑的文本、表格、图形都在文档编辑区中进行,排版后的结果也在编辑区中显示。文档编辑区中,不断闪烁的竖线"|"是插入点光标,输入的文本将出现在该处。

（6）滚动条

滚动条中的方形滑块会指出插入点在整个文档中的相对位置。手动拖动滚动块,可快速移动文档内容,同时滚动条附近会显示当前移到内容的页码。

单击垂直滚动条两端的上箭头"▲"或下箭头"▼",可使文档窗口中的内容向上或向下滚动一行。单击垂直滚动条滑块上部或下部,使文档内容向上或向下移动一屏幕。

单击水平滚动条两端的左箭头"◀"或右箭头"▶",可使文档内容向左或向右移动一列。

（7）状态栏

状态栏显示当前编辑的文档窗口和插入点所在页的信息,以及某些操作的简明提示。可以单击状态栏上的这些提示按钮。

① 页面:显示插入点所在的页、节及"当前所在页码/当前文档总页数"的分数。单击可打开"查找和替换"对话框的"定位"选项卡。

② 字数:统计的字数。单击可打开"字数统计"对话框。

③ 拼写和语法检查:单击可进行校对。

④ 插入:单击可把编辑状态更改为改写。

（8）视图按钮

状态栏右侧有 5 个视图按钮,它们是改变视图方式的按钮,分别为:页面视图、阅读版式视图、Web 版式视图、大纲视图和草稿。

（9）显示比例

状态栏右侧有一组显示比例按钮和滑块,可改变编辑区域的显示比例。单击"缩放级别"(如 120%)可打开"显示比例"对话框。

（10）浏览对象

单击"选择浏览对象"按钮将弹出浏览对象框,可选择的对象有:按页浏览、按节浏览、按表格浏览、按图形浏览、按标题浏览、按编辑位置浏览、定位、查找等。

（11）任务窗格

Office 应用程序中提供的常用命令窗口,一般出现在窗口的边沿,用户可以一边使用这些操作任务窗格中的命令,一边继续处理文档。例如,在功能区的"开始"选项卡中,单击"剪贴板"组的对话框启动器按钮,将在 Word 窗口左侧显示"剪贴板"任务窗格。

3. 设置工作环境

由于需要编辑的文档类型不同(如书、公文、海报等),用户的操作习惯不同,在正式使用 Word 前,通常应该先设置 Word 的工作环境。Word 2010 对环境的设置都安排在"文件"选项卡中。单击"文件"选项卡,选择菜单底部的"选项"命令,弹出"Word 选项"对话框。

（1）取消自动更正

在"Word 选项"对话框左侧窗格中单击"校对"选项,在右侧窗格中单击"自动更正选项"按钮,弹出"自动更正"对话框。在"键入时自动套用格式"选项卡和"自动套用格式"选项卡中,取消一些复选框,建议取消"键入时自动替换"和"键入时自动应用"下的所有选项。

（2）自定义快速访问工具栏

对于一些经常使用的命令,可将其放置到快速访问工具栏中,如"打开"文档命令。在"Word 选项"对话框左侧窗格中单击"快速访问工具栏"选项。

在右侧窗格中,首先从左侧框中选择要添加的命令,如选择"打开"命令,然后单击框中间的"添加"按钮,选中的命令会出现在右侧的框中。单击"确定"按钮后,在快速访问工具栏中可以看到刚才添加的命令。建议添加常用的命令,如打开、新建、打印等命令。

还可以直接从功能区上显示的命令向快速访问工具栏添加命令。在功能区上,单击相应的选项卡或组以显示要到快速访问工具栏的命令,右击该命令,从弹出的快捷菜单中选择"添加到快速访问工具栏"命令。

只有命令才能被添加到快速访问工具栏。大多数列表的内容（如缩进和间距值及各个样式）虽然也显示在功能区上,但无法将它们添加到快速访问工具栏。

4. 创建文档

创建一篇新的空白文档的方法有多种,可以根据需要来选择。

（1）启动 Word 后自动创建文档

在启动 Word 后 Word 会根据普通模板（Normal. dot）新建一个空白文档,并自动命名为"文档 1"。

（2）创建空白文档

若正在编辑一个文档或者已经启动 Word 程序,还需新建文档,请执行下列操作:单击"文件"选项卡,选择"新建"命令。在"可用模板"下双击"空白文档"。

（3）从模板创建文档

Office. com 中的模板网站为许多不同类型的文档提供模板,包括简历、求职信、商务计划、名片和 APA 样式的论文。

具体操作:单击"文件"选项卡,选择"新建"命令。在"可用模板"或者 Office. com 下,选择相应模板。

5. 保存文档

保存文档时,一定要注意文档三要素,即保存的位置、名字、类型。保存文件时,可以将它保存到硬盘驱动器上的文件夹中,或者保存到网络位置、CD/DVD、桌面或闪存驱动器,也可以保存为其他文件格式。即使已经设置启用了自动恢复功能,也应该在处理文件时经常保存该文件,以避免因意外断电或其他问题而丢失数据。

（1）保存文档

在"快速访问工具栏"上,单击"保存"按钮或者按【Ctrl＋S】键。如果是第一次保存该文件,则弹出"另存为"对话框。Word 会将文档保存在默认位置。若要将文档保存在其他位置,则浏览保存文档的文件夹。为文档输入一个名称,然后单击"保存"按钮。保存后,文档标题栏显示新名称。

如果文档已经命名,则不会出现"另存为"对话框,而将直接保存到原来的文档中,以当前内容代替原来内容。当前编辑状态保持不变,可继续编辑文档。

（2）将现有文档另存为新文档

若要防止覆盖原始文档,则在打开原始文档后使用"另存为"命令创建新的文件。在要另存为新文件的文档中,单击"文件"选项卡,选择"另存为"命令,显示"另存为"对话框。选择保存位置,或更改不同的文件名。在"保存类型"列表中,单击要在保存文件时使用的文件格式。

（3）将现有文档另存为模板

如果更改了下载的模板,则可以将其保存在自己的计算机上以再次使用。要将模板保存在"我的模板"文件夹中,需执行以下操作:单击"文件"选项卡,选择"另存为"命令,在弹出的"另存为"对话框中,单击导航窗格中的"Templates"（模板）。在"保存类型"列表中选择"Word 模板"。在"文件名"文本框中输入模板名称,然后单击"保存"按钮。

在"文件"选项卡中,通过"新建"选项卡中选择"我的模板",打开"新建"对话框的"个人模板",可以找到所有的自定义模板。

6. 打开文档

文档以文件形式存放后,使用时要重新打开。打开文档常用以下几种方法。

（1）通过"打开"命令

如果当前在 Word 窗口中,单击"文件"选项卡,选择"打开"命令,弹出"打开"对话框。在"打开"对话框中选取要打开的文档所在的文件夹、驱动器或其他位置。双击要打开的 Word 文档文件名,则该文档装入编辑窗口。

如果要打开其他类型的文件,先单击"所有 Word 文档"框后面的"▼",打开列表框,选择打开文件的类型,然后再打开文档。

（2）在 Word 中打开最近使用过的文档

启动 Word 后,在"文件"选项卡下的"最近所用文件"选项卡会列出"最近使用的文档"和"最近的位置"。单击文档名,可直接打开该文档;单击位置名,将打开该位置。列出的文档个数（默认 25 个）可在"Word 选项"对话框中的"高级"中的"显示"项中更改。

（3）在未进入 Word 之前打开文档

还可以通过下列方法之一打开 Word 文档:

① 在"开始"菜单或者任务栏上的 Word 程序文档锁定列表中列出了最近使用过的文档,单击该文档名,将在启动 Word 程序的同时,打开该文档;

② 在"Windows 资源管理器"窗口中,双击要打开的 Word 文档。

7. 输入文本

创建文档后,在编辑区的左上角可以看到不断闪烁的竖线"|",称之为插入点光标。它标记新输入字符的位置,单击某位置,或移动键盘的方向键,可以改变插入字符的位置。也可以使用"即点即输",即将指针移动到输入的任何位置,然后双击,即可输入文字。

（1）插入符号

在文档输入过程中,可以通过键盘直接输入常用的符号,也可以使用汉字输入法输入符号。在 Word 中还可以通过下面方法插入符号：单击要插入符号的位置，或者用键盘上的方向键移动，设置插入点。单击功能区中的"插入"选项卡。在"符号"组中单击"符号"显示符号列表。如图 4.2 所示。

如果列表中没有要插入的符号，选择"其他符号"，弹出"符号"对话框，选择所需要的符号即可。

（2）插入当前日期和时间

单击要插入日期或时间的位置，或者用键盘上的方向键移动插入点光标确定插入位置，再在"插入"选项卡中，单击"文本"组中的"日期和时间"，弹出"日期和时间"对话框。在"语言"下拉列表中选定"中文（中国）"或"英语（美国）"，在"可用格式"列表中选择需要的格式。如果选中"自动更新"复选框，插入的日期和时间会在下次打开时自动更新。单击"确定"按钮，则会在插入点插入当前系统的日期和时间。

图 4.2　插入符号

8. 选择性粘贴

在剪切或复制文本并将其粘贴到文档中时，有时需要保留其原始格式，有时需要采用粘贴位置周围的文本所用的格式。例如，如果要将网页中的一段文本插入到文档中，用户可能希望复制的文本与目标文档中其他文本的格式相同。

选择要移动或复制的文本，然后按【Ctrl＋X】剪切该文本，或按【Ctrl＋C】复制该文本。

在要粘贴文本的位置单击，然后按【Ctrl＋V】。在粘贴文本的右下方出现"粘贴选项"图标，单击按钮"Ctrl"或按【Ctrl】键，打开下拉列表，显示如图 4.3 所示。

执行下列操作：

① 如果要保留粘贴文本的格式，单击"保留源格式"按钮。

② 如果要与插入粘贴文本附近文本的格式合并，单击"合并格式"按钮。

图 4.3　粘贴选项

③ 如果要删除粘贴文本的所有原始格式，单击"只保留文本"按钮。如果所选内容包括非文本的内容，"只保留文本"选项将放弃此内容或将其转换为文本。例如，如果在粘贴包含图片和表格的内容时，使用"仅保留文本"选项，将忽略粘贴内容中的图片，并将表格转换为一系列段落。如果所选内容包括项目符号列表或编号列表，"仅保留文本"选项可能会放弃项目符号或编号，这取决于 Word 中粘贴文本的默认设置。

9. 查找和替换

（1）查找文本

在"开始"选项卡上，在"编辑"组中，单击"查找"按钮，弹出"导航"任务窗口，如图 4.4

所示。

图 4.4　查找导航

在"搜索文档"文本框内输入要查找的文本，例如"基因"。

（2）查找和替换文本

在"开始"选项卡上的"编辑"组中，单击"替换"按钮，弹出"查找和替换"对话框，默认为"替换"选项卡，如图 4.5 所示。

图 4.5　查找和替换

在"查找内容"文本框中输入要搜索的文本，例如"基因"。在"替换为"文本框中输入替换文本，例如"遗传"。

执行下列操作：

① 要查找文本的下一次出现位置，单击"查找下一处"按钮。

② 要替换文本的某一个出现位置，单击"替换"按钮。单击"查找下一处"后，插入点将移至该文本的下一个出现位置。

③ 要替换文本的所有出现位置，单击"全部替换"按钮。

④ 要取消正在进行的替换，按【Esc】键。

利用替换功能还可以删除找到的文本，方法是在"替换为"文本框中不输入任何内容，替换时会以空字符代替找到的文本，则等于做了删除操作。

（3）查找和替换特定格式

Word 可以搜索、替换或删除字符格式。例如，可以搜索特定的单词或短语并更改字体颜色，或搜索特定的格式（如加粗）并进行更改。在"开始"选项卡上的"编辑"组中，单击"替换"按钮，显示"查找和替换"对话框的"替换"选项卡。单击"更多"按钮，可看到格式要求。

要搜索带有特定格式的文本，可在"查找内容"文本框中输入文本。若仅查找格式，则此文本框保留空白。单击"格式"按钮，再选择要查找和替换的格式。

单击"替换为"文本框，再单击"格式"按钮，选择替换格式。若还要替换文本，在"替换为"文本框中输入替换文本。要查找和替换特定格式的每个实例，单击"查找下一处"按钮，再单击"替换"按钮。要替换指定格式的所有实例，单击"全部替换"按钮。

（4）查找和替换段落标记、分页符和其他项目

Word 可以搜索和替换特殊字符和文档元素（如制表符和手动分页符）。例如，可以查找所有双线段落标记并将其替换为单线段落标记。在"开始"选项卡上的"编辑"组中，单击"替换"按钮。单击"查找"或"查找和替换"选项卡。如果看不到"特殊格式"按钮，单击"更多"按钮后单击"特殊格式"按钮，然后选择所需的项目。若要替换，单击"替换"选项卡，然后在"替换为"文本框中输入替换内容。单击"查找下一处"、"替换"或"全部替换"按钮。

10. 设置字符格式

设置字符格式的方法有两种：一种是在未输入字符前设置，其后输入的字符将按设置的格式一直显示下去；二是先选定文本块，然后再设置，它只对该文本块起作用。

（1）设置字体

可以用下面三种方法设置字体格式。

① 使用浮动工具栏设置。选定要更改的文本后，浮动工具栏会自动出现，然后将指针移到浮动工具栏上，如图 4.6 所示。当选中文本并右击时，它还会和快捷菜单一起出现。然后，根据需要进行设置。

图 4.6　浮动工具栏

② 使用"开始"选项卡上的"字体"组设置。选定要更改的文本后，单击"开始"选项卡的"字体"组中的相应按钮。

③ 使用"字体"对话框设置。选定要更改的文本后，单击"开始"选项卡的"字体"组右下角的对话框启动器按钮，弹出"字体"对话框，如图 4.7 所示。根据需要可对字体进行设计。

④ 设置默认字体。设置默认字体可以确保打开的每个新文档都会使用选定的字体设置并将其作为默认字体。在"开始"选项卡，单击"字体"组中的对话框启动器，显示"字体"对话框的"字体"选项卡，选择要应用于默认字体的选项，例如，字体、字形、字号、效果等。单击"设为默认值"按钮，然后在弹出的对话框中单击"是"按钮。

⑤ 清除格式

选定要清除格式的文本后，单击"开始"选项卡上的"字体"组中的"清除格式"按钮，将清除所选内容的所有格式。

图 4.7　字体设置

（2）设置超链接、首字下沉格式

① 设置超链接。Word 中的超链接，可以链接到文件、网页、电子邮件地址。链接到地址的操作为：选中要链接的文字内容，单击"插入"选项卡的"链接"组中的"超链接"按钮，弹出"插入超链接"对话框。在"地址"文本框中输入或者粘贴地址，单击"确定"按钮。

② 设置首字下沉、悬挂格式。首字下沉就是加大的大写首字母。操作方法为：单击要以首字下沉开始的段落，在"插入"选项卡上的"文本"组中，单击"首字下沉"按钮，如图 4.8 所示。如果要取消首字下沉，只需在"首字下沉"列表中选择"无"选项即可。

图 4.8　首字下沉

11．设置段落格式

（1）改变已有段落的对齐方式

单击需要对齐的段落，把插入点置于该段落中。在"开始"选项卡上的"段落"组中，单击"文本左对齐"、"居中"、"文本右对齐"、"两端对齐"按钮或"分散对齐"按钮。

（2）设置文字方向

可以更改页面中段落、文本框、图形、标注或表格单元格中的文字方向，以使文字可以垂直或水平显示。

操作方法为:选定要更改文字方向的文字,或者单击包含要更改的文字的图形对象或表格单元格。在"页面布置"选项卡的"页面设置"组中,单击"文字方向"按钮,从列表中选择需要的文字方向。

(3) 设置段落缩进

单击要缩进的段落后,在"开始"选项卡上,单击"段落"组中的对话框启动器。显示"段落"对话框的"缩进和间距"选项卡,如图 4.9 所示。

对于中文段落,最常用的段落缩进是首行缩进 2 字符。在"缩进"下的"特殊格式"列表中,选择"首行缩进"选项,然后在"磅值"微调框中设置首行的缩进间距量,如输入"2 字符"。

该段落以及后续输入的所有段落的首行都将缩进。但是选定段落之前的段落必须使用相同的步骤手动设置缩进。

图 4.9　段落格式

(4) 调整行距或段落间距

① 更改行距。单击要更改行距的段落,再在"开始"选项卡上的"段落"组中,单击"行距和段落间距"按钮,打开列表。

Ⅰ. 单倍行距:将行距设置为该行最大字体的高度加上一小段额外间距。额外间距的大小取决于所用的字体。

Ⅱ. 1.5 倍行距:将行距设置为单倍行距的 1.5 倍。

Ⅲ. 2 倍行距:将行距设置为单倍行距的两倍。

Ⅳ. 最小值:设置适应行上最大字体或图形所需的最小行距。

Ⅴ. 固定值:设置固定行距且 Word 不能自动调整行距。

Ⅵ. 多倍行距:设置按指定的百分比增大或减少行距。例如,将行距设置为 1.2 就会在单倍行距的基础上增加 20%。

② 更改段前或段后的间距。单击要更改段前或段后间距的段落,再在"页面布局"选项卡上的"段落"组中,在"间距"选项组中单击"段前"微调框或"段后"微调框的箭头,或者直接输入所需的间距。

(5) 添加项目符号列表或编号列表

选择要向其添加项目符号或编号的一个或多个段落,再在"开始"选项卡上的"段落"组中,单击"项目符号"按钮,或"编号"按钮。

(6) 取消项目符号或编号

单击或者选中多行列表中的项,再在"开始"选项卡上的"段落"组中,单击"项目符号"按钮或"编号"按钮。或者单击后面的箭头,在"编号库"中选择"无"选项。或者在"开始"选项卡上的"字体"组中,单击"清除格式"按钮。

（7）更改文本间距

① 更改字符的间距（字距）。选择要更改的文本，再在"开始"选项卡上，单击"字体"组中的对话框启动器，弹出"字体"对话框，然后单击"高级"选项卡，如图 4.10 所示。在"间距"下拉列表框中选择"加宽"或"紧缩"选项，然后在"磅值"微调框中指定所需的间距。如果要对大于特定磅值的字符调整字距，选中"为字体调整字间距"复选框，然后在"磅或更大"微调框中输入磅值。

图 4.10　字体高级设置

② 水平拉伸或缩放文本。选择要拉伸或压缩的文本，再在"开始"选项卡上，单击"字体"组中的对话框启动器，弹出"字体"对话框，单击"高级"选项卡。在"缩放"下拉列表框中输入所需的百分比。

（8）向文字或段落应用底纹或边框

① 向文字或段落应用底纹。选中要应用或更改底纹的文字或段落，再在"开始"选项卡上的"段落"组中，单击"底纹"旁边的箭头，显示下拉列表如图 4.11 所示。在"主题颜色"选项下，选择要用来为选定内容添加底纹的颜色（默认为无颜色）。如果要使用主题颜色以外的特定颜色，可选择"标准色"下的一种颜色或者选择"其他颜色"选项以便查找所需的确切颜色。

② 向文字或段落应用边框。选中要应用（或更改）边框的文字或段落。在"开始"选项上的"段落"组中，单击"边框与底纹"旁边的箭头。从

图 4.11　设置颜色

下拉列表中单击需要的框线类型。或者选择"边框和底纹"选项,弹出"边框和底纹"对话框,单击"边框"选项卡,如图 4.12 所示。在"设置"选项组选择一个边框类型(如"方框"、"阴影"或"三维"),在"样式"列表框中选择一种线型,在"颜色"下拉列表框中选择一种边框颜色,在"宽度"下拉列表框中选择线条的粗细磅值,在"应用于"下拉列表框中选择"文字"或"段落"选项。

图 4.12　边框和底纹

12. 设置页面

(1) 页面设置

① 选择纸张大小。在"页面布局"选项上的"页面设置"组中,单击"纸张大小"按钮,如图 4.13所示。从下拉列表中选择需要的纸张大小(默认为A4)。如果要自定义页面,选择列表中"其他页面大小"选项,显示"页面设置"对话框的"纸张"选项卡,在"宽度"和"高度"微调框中输入纸张大小。

图 4.13　纸张大小

② 更改每行字数和每页行数。在"页面布局"选项卡上，单击"页面设置"组中的对话框启动器，弹出"页面设置"对话框，然后单击"文档网格"选项卡，如图 4.14 所示。选择"指定行和字符网络"，调整"每行"字符数和"每页"行数。

图 4.14　文档网格

③ 选择页面方向。在"页面布局"选项卡上的"页面设置"组中，单击"纸张方向"，按钮从下拉列表中选择"纵向"或"横向"选项。

④ 更改或设置页边距。在"页面布局"选项卡上的"页面设置"组中，单击"页边距"按钮。从下拉列表中选择所需的页边距类型。如果要自定义页边距，从下拉列表中选择"自定义边距"选项，显示"页面设置"对话框的"页边距"选项卡，如图 4.15 所示。在"上"、"下"、"左"、"右"框中，输入新的页边距值。各种选择都可以通过"预览"框查看设置后的效果。

⑤ 设置对开页的页边距。选择对称页边距时，左侧页的页边距是右侧页的页边距的镜像。即内侧页边距等宽，外侧页边距等宽。在"页面布局"选项卡上的"页面设置"组中，单击"页边距"按钮。从下拉列表中选择"镜像"选项，要更改页边距宽度，再次单击"页边距"按钮，从列表中单击"自定义边距"选项，显示"页面设置"对话框的"页边距"选项卡。然后在"内侧"和"外侧"微调框中输入所需宽度。

⑥ 设置用于装订文档的装订线边距。在"页面布局"选项卡上的"页面布置"组中，单击"页边距"按钮。从下拉列表中选择"自定义边距"选项。显示"页面设置"对话框的"页边距"选项卡。在"多页"下拉列表中选择"普通"选项。在"装订线"微调框中输入装订线边距的宽度。在"装订线位置"下拉列表中，选择"左"或"上"选项。

图 4.15　页边距

（2）文档分页

单击要开始新页的位置，在"插入"选项卡上的"页"组中，单击"分页"按钮。

（3）插入分节符

单击要更改格式的位置，在"页面布局"选项卡上的"页面设置"组中，单击"分隔符"按钮，如图 4.16 所示。

图 4.16　分隔符

在"分隔行"下拉列表中，单击对应的"分节符"类型如下：

① "下一页"：用于插入一个分节符并在下一页开始新的节。这种类型的分节符尤其适用于在文档中开始新章。

② "连续"：用于插入一个分节符并在同一页上开始新节。连续分节符适用于在一页中实现一种格式更改，例如更改列数。

③ "偶数页"或"奇数页"：用于插入一个分节符并在下一个偶数页或奇数页开始新节。如果要使文档的各章始终在奇数页或偶数页开始，使用"奇数页"或"偶数页"分节符选项。例如，如果要将一篇文档分隔为几章，可能希望每章都从奇数页开始。单击"分节符"组中的"奇数页"。

④ 删除分节符：在普通视图中，可以看到双虚线分节符。选择要删除的分节符，按【Delete】键。

（4）添加或删除页

① 添加空白页。单击文档中需要插入空白页的位置。插入的页将位于光标之前。在"插入"选项卡上的"页"组中，单击"空白页"按钮。

② 添加封面。在"插入"选项卡上的"页"组中，单击"封面"按钮。显示"内置"封面列表。在"内置"列表中选择一个封面布局，然后用自己的内容替换示例文本。要删除封面，在"封面"下拉列表中选择"删除当前封面"选项。

③ 删除页。可以通过删除分页符来删除 Word 文档中的空白页，包括文档末尾的空白页。还可以通过删除两页间的分页符来合并这两页。

（5）页码

① 插入页码。在"插入"选项卡上的"页眉和页脚"组中，单击"页码"按钮，打开下拉列表。根据希望页码在文档中显示的位置，选择"页面顶端""页面底端"或"页边距"。然后再选择需要的页码样式。切换到"页眉和页脚"视图，插入点在页码与页眉区域中闪烁，可以输入或修改页码。也可以设置其他选项，单击选项卡上的"关闭页眉和页脚"按钮返回到文档编辑视图。

② 设置页码格式。双击文档中某页的页眉或页脚区域，切换到"页眉和页脚"视图。在"页眉和页脚工具"下的"设计"选项卡上的"页眉和页脚"组中，单击"页码"按钮，从下拉列表中选择一个编号样式，然后单击"确定"按钮。

③ 修改页码的字体和字号。双击文档中某页的页眉、页脚或页边距区域后，切换到"页眉和页脚"视图，再选中页码，然后在所选页码上方显示的浮动工具栏上，用该工具栏更改字体和设置字体等。也可以在"开始"选项卡的"字体"组中设置字体大小等。

④ 开始或重新开始对页码进行编号。单击文档中的任何位置。在"插入"选项卡上的"页眉和页脚"组中，单击"页码"按钮从下拉列表中选择"设置页码格式"命令，弹出"页码格式"对话框。选中"起始页码"单选按钮，在其后的文本框中输入一个页码。如果有封面并且希望文档的第一页编号从"1"开始，则输入"0"。

⑤ 删除页码。单击"删除页码"或手动删除文档中单个页面的页码时，将自动删除所有页码。在"插入"选项卡上的"页眉和页脚"组中，单击"页码"按钮，从下拉列表中选择"删除页码"命令，如果"删除页码"为灰色，则需要在"页眉和页脚"视图中手动删除页码。

如果文档首页页码不同,奇偶页的页眉或页脚不同,或者有未链接的节,就必须从每个不同的页眉或页脚中删除页码。

（6）页眉和页脚

① 插入或更改页眉或页脚。在"插入"选项卡上的"页眉和页脚"组中,单击"页眉"或"页脚"按钮。从下拉列表中,选择所需的页眉或页脚样式,将切换到"页眉和页脚"视图,如图4.17所示。在"键入文字"处输入文字,页眉或页脚即被插入到文档的每一页中。

图4.17　页眉和页脚

② 对奇偶页使用不同的页眉或页脚。在"页面版式"选项卡上,单击"页面设置"组中的对话框启动器,弹出"页面设置"对话框,然后单击"版式"选项卡,选中"页眉和页脚"选项组中的"奇偶页不同"复选框,即可在偶数页上插入用于偶数页的页眉或页脚,在奇数页上插入用于奇数页的页眉或页脚。

③ 更改页眉或页脚的内容。在"插入"选项卡上的"页眉和页脚"组中,单击"页眉"或"页脚"。通过选择文本并进行修订,或使用浮动工具栏上的选项来设置文本的格式,来更改页眉或页脚。在页面视图中,可以在页眉页脚与文档文本之间快速切换。只要双击灰色的页眉页脚或灰色的文本即可。

④ 更改或删除页眉中的框线。页眉中的线段属于段落框线,可用更改段落框线的方法来设置。双击页眉区域。进入页眉和页脚视图。在"开始"选项卡上,单击"样式"组中的对话框启动器。在"样式"窗格中,单击"页眉"后的箭头打开列表,选择列表中的"修改"选项,弹出"修改样式"对话框。单击"格式"按钮,从下拉列表中选择"边框"选项。弹出"边框和底纹"对话框,在"边框和底纹"对话框中,如果要删除页眉线,在"设置"下单击"无"按钮。如果要更改页眉线的类型,在"样式"下选中一种线型,并选择线的"颜色"和"宽度",在"预览"窗口选择应用边框的位置,例如下边框,"应用于"下拉列表的默认设置为"段落"。最后单击"确定"按钮,双击页眉页脚以外的区域。

⑤ 删除页眉或页脚。单击文档中的任何位置后,再在"插入"选项卡上的"页眉和页脚"组中,单击"页眉"或"页脚"按钮。从下拉列表中选择"删除页眉"或"删除页脚"选项。页眉或页脚即被从整个文档中删除。

（7）分栏

选定分栏段落后,再在"页面布局"选项卡上的"页面布置"组中,单击"分栏"按钮从下拉列表中选择"一栏""两栏""三栏""偏左"或"偏右"选项。如果选择"更多分栏"选项,则弹出"分栏"对话框,如图4.18所示。

图 4.18　分栏

在"预设"选项组选定分栏，或者在"栏数"文本框中输入分栏数，在"宽度和间距"选项组中设置"宽度"和"间距"。

如果需要各栏之间的分隔线，选中"分隔线"复选框。

(8) 使用水印或背景标记文档

① 在文档中添加文字水印。水印只能在页面视图、阅读版式视图或打印的页面中显示。在"页面布局"选项卡上的"页面背景"组中，单击"水印"按钮，如图 4.19 所示。

图 4.19　水印

从下拉列表中，执行下列操作：

Ⅰ. 选择水印库中的一个预先设计好的水印，例如"机密"或"紧急"。

Ⅱ．选择"自定义水印"选项、弹出"水印"对话框,单击"文字水印"单选按钮,然后选择或输入所需的文本。也可以设置文本的格式。

② 将图片转换成水印或背景。在"页面布局"选项卡上的"页面背景"组中,单击"水印"按钮。从下拉列表中,单击"自定义水印"按钮,显示"水印"对话框,单击"图片水印"单选钮,然后单击"选择图片"按钮,显示"插入图片"对话框。选择所需图片,然后单击"插入"命令。在"缩放"复选框中选择一个百分比以特定大小插入该图片。选择"冲蚀"复选框淡化图片以免影响文本。

13. 表格

（1）插入表格

① 使用表格模板。在要插入表格的位置单击后,再在"插入"选项卡的"表格"组中,单击"表格"按钮,然后在弹出的下拉列表上,将光标指向"快速表格",再单击需要的模板,插入的表格会出现在插入点处,同时显示"表格工具设计"选项卡,用户可设置新数据替换模板中的数据。如图 4.20 所示。

图 4.20　快速表格

②　使用"表格"菜单。在要插入表格的位置单击后,再在"插入"选项卡的"表格"组中,单击"表格"按钮,然后在下拉菜单"插入表格"选项卡,按住左键并拖动以选择需要的行数和列数,松开左键后,表格被插入。用户可以在"表格工具设计"选项卡中修改表格。如图 4.21 所示。

图 4.21　插入表格(a)

③　使用"插入表格"对话框。在要插入表格的位置单击后,在"插入"选项卡上的"表格"组中,单击"表格"按钮,从下拉菜单中选择"插入表格"命令,弹出"插入表格"对话框,然后在"表格尺寸"下,输入列数和行数。在"自动调整"操作下,调整表格尺寸。单击"确定"按钮,完成操作。如图 4.22 所示。

（2）文本和表格相互转换

①　将文本转换成表格。选定要转换的文本后,在"插入"选项卡的"表格"组中,单击"表格"按钮,再在下拉列表中单击"文本转换成表格"按钮,弹出"将文字转换成表格"对话框。然后在"文本转换成表格"对话框的"文字分隔位置"选

图 4.22　插入表格(b)

项中,单击要在文本中使用的分隔符对应的选项。最后,在"列数"框中选择列数。如果未显示设置的列数,则可能是文本中的一行或多行缺少分隔符。选择需要的任何其他选项。单击"确定"按钮。

②　将表格转换成文本。选择要转换成段落的行或表格后,在标题栏的"表格工具"下的"布局"选项卡中的"数据"组中,单击"转换为文本"按钮,弹出"表格转换成文本"对话

框,然后在"文字分隔位置"组下,单击要用于代替列边界的分隔符对应的选项。表格各行用段落标记分隔,最后单击"确定"按钮。

(3) 设置表格格式

① 使用"表样式"设置整个表格的格式。创建表格后,可以通过"表样式"设置整个表格的格式。在要设置格式的表格内单击,在标题栏的"表格工具"下,单击"设计"选项卡。再在显示的"表格样式"组中,指针停留在每个表格样式上时即可以预览表格的外观。要查看更多样式,单击"其他"箭头,单击样式可将其应用到表格。如图 4.23 所示。

图 4.23　设置表格样式

② 添加表格边框。首先选定表格后,在"表格工具"工具栏下,单击"布局"选项卡,再在"表"组中单击"选择"按钮,从弹出的下拉列表中选择"选择表格"命令,如图 4.24 所示。然后单击"设计"选项卡,在"设计"选项卡的"表格样式"组中,单击"边框"按钮后箭头,从弹出的下拉列表中,单击预定义边框集之一,或者单击"边框和底纹"按钮,从弹出的"边框和底纹"对话框中单击"边框"选项卡,之后选择需要的选项。如图 4.25 所示。

图 4.24　添加表格边框(a)

图 4.25　添加表格边框(b)

③ 修改底色。在表格中选定要修改底色的单元格,或者整个表格。在标题栏的"表格工具"下,单击"设计"选项卡。在"表格样式"组中,单击"底纹颜色"按钮后箭头,从列表中选择需要的颜色。

④ 修改底纹。选择所需要的单元格或整个表格。在"表格工具"下,单击"设计"选项卡。在"表样格式"组中,单击"边框"按钮后的箭头,从列表中单击"边框和底纹"按钮。弹出"边框和底纹"对话框,然后单击"底纹"选项卡。单击"填充""样式""颜色"选项后的箭头,从列表中选择选项。在"应用于"选项列表中,选取"单元格"或"表格"。如果要取消底纹,选择"无颜色"。用户也可以选中表格,右击该表格,从弹出的快捷菜单中选择"边框和底纹"命令。

⑤ 插入行、列。在要添加行或列的任意一侧单元格内单击,然后在标题栏的"表格工具"下,单击"布局"选项卡,执行下列操作:

Ⅰ. 在单元格上方添加一行,在"行和列"组中,单击"在上方插入"按钮。

Ⅱ. 在单元格下方添加一行,在"行和列"组中,单击"在下方插入"按钮。

Ⅲ. 在单元格左侧添加一行,在"行和列"组中,单击"在左侧插入"按钮。

Ⅳ. 在单元格右侧添加一行,在"行和列"组中,单击"在右侧插入"按钮。

如果要在表格末尾快速添加一行,则可把插入点放置到表格右下角的单元格中,按【Tab】键。或者,把插入点放置到表格最后一行的右端框线外的换段符前,按【Enter】键,在表格最后一行后添加一空白行。

⑥ 插入单元格。在要插入单元格的右侧或上方的单元格内单击。在标题栏的"表格工具"下的"布局"选项卡上,单击"行和列"组上的对话框启动器按钮。弹出"插入单元格"对话框,单击下列选项之一:

Ⅰ. 活动单元格右移:插入单元格,并将该列中剩余的现有单元格每个下移一行。该表格底部会添加一个新行以包含最后一个现有单元格。

Ⅱ. 整行插入:在单击的单元格上方插入一行。

Ⅲ. 整列插入:在单击的单元格右侧插入一列。

⑦ 删除单元格、行或列。选中要删除的单元格、行或列。在标题栏的"表格工具"下,单击"布局"选项卡。在"行和列"组中,单击"删除"按钮,从弹出下拉列表中,根据需要,选择"删除单元格"、"删除行"或"删除列"命令。

⑧ 合并单元格。用户可以将同一行、列中的两个或多个单元格合并为一个单元格。例如,在水平方向上合并多个单元格,从而创建横跨多个列的表格标题。选中要合并的多个单元格,在标题栏的"表格工具"下,"布局"选项卡上的"合并"组中,选择"合并单元格"命令。

⑨ 拆分单元格。在单个单元格内单击,或选中要拆分的多个单元格。在标题栏的"表格工具"下"布局"选项卡上的"合并"组中,选择"拆分单元格"命令。弹出"拆分单元格"对话框,输入要将单元格拆分成的列数或行数。

(4)调整表格的列宽和行高

① 调整列宽。将指针停留在需更改其宽度的列的边框上,按住左键并拖动边框,调整到所需的列宽。

② 调整行高。把指针停留在要调整高度的行的边框上,按住左键并拖动边框。用户也可以在"表格属性"对话框的"行"选项卡中通过设置改变行高。

③ 平均分布行或列。在表格内单击,在标题栏的"表格工具"下,单击"布局"选项卡。在"单元格大小"组中,单击"分布行"或"分布列"按钮。

(5) 表格内数据的排序

① 对表格中的单列排序。选择要进行排序的列,在标题栏的"表格工具"下"布局"选项卡上的"数据"组中,单击"排序"按钮,弹出"排序"对话框,"主要关键字"选项组中自动显示为选定的列。在"列表"选项组下,选择"有标题行"或"无标题行"两个单选按钮。单击"升序"或"降序"单选按钮,如图 4.26 所示。单击"选项"按钮,从弹出的"排序选项"对话框中单击"仅对列排序",选择"确定"命令。该列将按要求排序,从排序结果可以看出,只有选中的列进行了排序。所以,这种单列排序方法不适合有行、列关系的表格。

图 4.26　表格内容排序

② 对表格内容排序。在页面视图中,选择要进行排序的表格。在标题栏的"表格工具"下"布局"选项卡上的"数据"选项组中,单击"排序"按钮。从弹出的"排序"对话框中选择所需的选项。例如,如果按姓名笔画升序排序,则可在"主要关键字"组下选择"姓名"选项,在"类型"中选"笔画"、"升序"选项。选择"确定"命令。完成后,表格内容按要求排序。

(6) 表内数据的计算。单击要放置计算结果的单元格,即单击平均工资右方的单元格,如图 4.27 所示。在标题栏的"表格工具"下"布局"选项卡上的"数据"组中,单击"公式"按钮。弹出"公式"对话框,如果选定的单元格位于一列数值的下方,则在"公式"文本框中显示"=SUM(ABOVE)",表示对上方的数值求和;如果选定的单元格位于一行数值的右侧,则在"公式"文本框中显示"＝SUM(LEFT)",表示对左侧的数值求和。在"数字格式"列表中选定"0.00",因保留一位小数,可改为"0.0"。因要计算平均值,可选择"粘贴函数"列表中的"AVERAGE"命令,"AVERAGE"则会出现在"公式"选项框中。把"公式"选项框中的公式修改为"＝AVERAGE(ABOVE)"。单击"确定"按钮,计算结果出现在该单元格中,用同样方法计算其他数值。

图 4.27　计算

14. 图片或剪贴画

（1）插入图片或剪贴画

① 插入来自文件的图片。在文档中要插入图片的位置单击。在"插入"选项卡上的"插图"组中,单击"图片"按钮,弹出"插入图片"对话框,找到要插入的图片并双击图片。此时图片将被插入。默认情况下,Word 2010 会将图片嵌入文档中。如果要链接到图片,则可在"插入图片"对话框中,单击"插入"按钮旁边的箭头,然后选择"链接到文件"命令。

② 插入剪贴画。在"插入"选项卡上的"插图"组中,单击"剪贴画"按钮,会弹出"剪贴画"任务窗格。搜索需要的剪贴画,单击剪贴画将其插入。

③ 插入包含网页超链接的图片。打开 Word 文档后,在网页上,右击要插入的图片,从弹出的快捷菜单中单击"复制"按钮。在 Word 文档中,右击要插入图片的位置,从弹出的快捷菜单中选择"粘贴"按钮。

④ 插入来自网页的图片。打开 Word 文档,将要插入的图片从网页拖动到 Word 文档中。确保所选图片不是到其他网页的链接。如果拖动的是带有链接的图片,则会插入链接地址,而不是图片。

⑤ 选中图片。单击文档中的图片,图片边框会出现 8 个尺寸控点,表示该图形已被选中,同时将出现"图片工具"选项卡。利用图片的尺寸控点和"图片工具"选项卡,可以设置图片的格式。

（2）更改图片的环绕方式

选择图片,若要将嵌入式图片更改为浮动式图片,则在列表中选择任一"文字环绕"页面位置选项。若要将浮动式图片更改为嵌入式图片,则在列表中选择"嵌入文本行中"。

单击"其他布局选项"按钮,将弹出"布局"对话框的"文字环绕"选项卡,选择所需要的环绕方式。

(3) 调整图片大小和旋转图片

① 调整图片大小:

Ⅰ. 粗略调整。单击文档中的图片后,将指针置于其中的一个控点上,直至鼠标指针变为 ⇕、⇔、⬉ 或 ⬈,如果要按比例缩放图片,则按住左键拖动图片四个角上的控制点;如果要改变高度或宽度,则同样拖动上、下或左、右边的控制点。待图片大小合适后,松开左键。

Ⅱ. 精确调整。双击文档中的图片后,在标题栏的"图片工具"下"格式"选项卡上的"大小"组中,单击"高度"按钮或宽度按钮调整图片的大小。或者单击"大小"组的对话框启动器。或者右击图片,从弹出的快捷菜单中单击"大小和位置"按钮,将弹出"设置图片格式"对话框的"大小"选项卡,选择"锁定纵横比"命令可保持图片不变形,调整"缩放"下的"高度"或"宽度"微调框,可以精确缩放图片。单击"重置"按钮则图片复原。

② 旋转图片。单击选中文档中的图片,图片边框出现 8 个尺寸控点和一个绿色的旋转柄。将指针放到绿色的旋转柄上,拖动鼠标旋转图片,旋转合适后,松开左键。

15. 插入艺术字

(1) 插入艺术字

在文档中要插入艺术字的位置单击后,在"插入"选项卡上的"文本"组中,单击"艺术字"按钮,从弹出的下拉列表中单击任一艺术字样式,然后应用到艺术字框中的文字上。对于艺术字框中的文字,用户可以重新设置字体格式、外观等。

(2) 更改艺术字

双击要更改的艺术字文本边框。在标题栏的"绘图工具"下"格式"选项卡上,单击任一选项按钮。例如,通过单击"文本"组中的"文字方向"按钮为文本选择新方向,同时也会更改艺术字文本的方向。还可以在"开始"选项卡的"字体"组中更改字体、字号、字形、颜色等。

16. 插入文本框

(1) 绘制文本框

在"插入"选项卡上的"文本"组中,单击"文本框"按钮,弹出文本框列表。单击列表下部的"绘制文本框""绘制竖排文本框"按钮,指针变为:"＋",在文档中需要插入文本框的位置单击或按住左键拖动所需大小的文本框。

如果要向文本框中添加文本,则可单击文本框,然后输入或粘贴其他处的文本。

若要设置文本框中文本的格式,请选择文本,然后使用"开始"选项卡上"字体"组中的格式设置选项。

若要确定文本框的位置,请单击该文本框,直至指针变为 ✥,再按住左键将文本框拖到新位置。

如果绘制了多个文本框,则可将各个文本框链接在一起,以便文本框能够互相联系。

单击其中一个文本框,然后在标题栏的"文本框工具"下"格式"选项卡上的"文本"组中选择"创建链接"命令。

（2）插入内置文本框

内置文本框是 Word 2010 预设样式的一组文本框模板,使用时只需把文本框中的示例文字替换为所需文字即可。在文档中,在要放置文本框的位置单击。在"插入"选项卡上的"文本"组中,单击"文本框"按钮,弹出内置的文本框列表,要查看更多的文本框模板,可拖动列表右侧的滚动条。在列表中,单击需要的文本框模板,则该内置文本框将插入到文档中,在文本框中,可删除不需要的示例文字,输入或粘贴新的内容,设置文字的格式。还可更改文本框的大小、在页面中的位置,设置文本框的格式。

（3）更改文本框的边框

用户还可以更改或删除文本框的边框的颜色、粗细或样式。同时,也可以删除整个边框,把文本框作为特殊的图片,像图片一样来操作,例如选定、移动、调整大小、设置或取消边框、填充等。

若要更改文本框或形状的边框,操作步骤为:双击或单击要更改的文本框的边框。如果要更改多个文本框,请单击第一个文本框的边框,然后按住【Ctrl】键,同时单击其他文本框的边框。在标题栏的"绘图工具"下"格式"选项卡上的"形状样式"组中,执行下列操作。

若要更改边框的颜色,单击"形状填充"按钮,然后在列表中选择所需的颜色。

若要更改边框的粗细,单击"形状轮廓"按钮,然后选择所需的线条粗细。

若要更改边框的效果,单击"形状效果"按钮,然后选择所需的效果。

若要删除边框,单击"形状轮廓"按钮,然后选择"无轮廓"命令。

17．添加形状

（1）插入形状

① 向文档中添加形状。在文档中要创建形状的位置单击。在"插入"选项卡上的"插图"组中,单击"形状"按钮,弹出的形状列表中提供了 6 种类型形状:线条、基本形状、箭头总汇、流程图、标注和星与旗帜。选择所需形状,接着单击文档中的任意位置,按住左键拖动以放置形状,如果要创建规范的正方形或圆形,则在拖动的同时按住【Shift】键。

② 调整形状的大小。要调整形状的大小,单击该形状,然后按住左键拖动它的尺寸控点,可以更改对象的大小。

③ 移动形状。选定要移动的形状,将其拖到新的位置。如果要限制形状只能横向或纵向移动,则需先按住【Shift】键再拖动形状。也可以选定形状后,按住【Alt】键,随意拖动形状来移动。选中形状后,按键盘上的键也能使其移动。如果要随意移动形状,则要先按住【Ctrl】键,再按键盘上的键。

④ 重调形状。选中形状后,如果形状中包含黄色的调整控点,则表示可重调该形状。否则只能调整形状的大小。将指针置于黄色的调整控点上,指针将变为 ，按住左键,然后拖动控点以重调形状。

⑤ 向形状添加文字。右击要向其添加文字的形状,从弹出的快捷菜单中选择"添加文字"命令。插入点出现在形状中,然后输入文字。添加的文字将成为形状的一部分,如果旋转或翻转形状,文字也会随之旋转或翻转。同时,也可以为形状中的文字添加项目符号或列表。右击选定的文字,在弹出的快捷菜单上,选择"项目符号"或"编号"命令。

实验九　Word 操作案例

一、实验目的

1. 掌握 Word 的基本编辑功能
2. 掌握图片、文本框、艺术字等的编排方法
3. 掌握表格的制作方法等

二、实验内容与步骤

打开实验素材中的"基因.doc",根据如图 4.28 所示样张完成以下实验。

图 4.28　样张

1. Word 文档的基本操作

（1）版面设置

将页面设置为 A4 纸，上、下页边距为 3 厘米，左、右页边距为 3.5 厘米，每页 40 行，每行 38 个字符。

单击"页面布局"功能区的"页面设置"组，点击右下角向下三角箭头，打开页面设置对话框，如图 4.29 所示。在"纸张"选项卡中选择 A4 纸，在"文档网格"选项卡中选定"指定行和字符网格"，并设置行数 40 行，每行字符数 38，再单击该对话框上的"确定"按钮，设置生效。

（2）设置标题字体、段落格式

给文章加标题"基因"，并将标题设置为黑体、二号字、加粗、红色，字符缩放为 150%，居中显示，并设置段后间距一行。

将光标置于文档的第一行第一列，按下【Enter】键，将光标移至第一行中并输入"基

图 4.29　页面设置

因"，选中标题"基因"，选择"开始"功能区中的"字体"组，单击右下角三角箭头，打开"字体"对话框，设置标题为黑体，二号，加粗，红色，如图 4.30 所示。单击"高级"选项卡，在"缩放"后的组合框中输入或选择 150%，如图 4.31 所示，最后单击该对话框上的"确定"按钮，设置生效。

图 4.30　字体设置　　　　　　　　　　图 4.31　设置字符间距

　　选定文档标题后,选择"开始"功能区中的"段落"组,单击右下角三角箭头,打开"段落"对话框,在"对齐方式"中选择"居中"。在"段后"后的数值微调框中输入或选择"1行",如图 4.32 所示,单击该对话框上的"确定"按钮,设置生效。

图 4.32　段落设置

（3）设置首字下沉

图 4.33　设置首字下沉

　　将正文第一段首字下沉 2 行,距正文 1 厘米,字体为楷体,红色,其余段落均设置为首行缩进 2 个字符。

　　将光标置于正文第一段或选中正文第一段,选择"插入"功能区中的"文本"组,单击"首字下沉",选择"首字下沉"选项,在弹出的"首字下沉"对话框中,设置"下沉行数"为 2,设置"距正文"为 1 厘米,如图 4.33 所示,再单击该对话框上的"确定"按钮,设置生效。

　　选中首字下沉的文字"人",选择"开始"功能区中的"字体"组,单击右下角三角箭头,打开"字体"对话框,在"字体"对话框中设置字体为楷体,颜色为红色,再单击该对话框上的"确定"按钮,设置生效。

　　选中除正文第一段以外的其余正文段落,选择"开始"功能区中的"段落"组,单击右下角三角箭头,打开"段落"对话框,在"特殊格式"中选择"首行缩进",默认为 2 字符,再单击该对话框上的"确定"按钮,设置生效。

（4）设置项目符号和编号

将正文中小标题文字"核苷酸"和"基因组"设置为蓝色、加粗，并加上实心圆圈的项目符号。

选中正文中的小标题文字"核苷酸"，选择"开始"功能区中的"字体"组，单击右下角三角箭头，打开"字体"对话框，在字体对话框中设置颜色为蓝色，字形为加粗，再单击该对话框上的"确定"按钮，设置生效。选择"开始"功能区中的"段落"组中的 ⦂ ⦂ ⦂ ▾图标右侧下拉箭头，在"项目符号库"中设置实心圆圈的项目符号，如图 4.34 所示。如果需要加编号则单击"开始"功能区中的"段落"组中的 ⦂ ⦂ ⦂ ▾图标右侧下拉箭头进行设置。

图 4.34 设置项目符号

选中设置好的"核苷酸"小标题，选择"开始"功能区中的"剪贴板"组的"格式刷"按钮，将鼠标移动到小标题"基因组"，鼠标为刷子形状时选中小标题"基因组"，则小标题"基因组"的格式即可设置为与小标题"核苷酸"格式一致。如需多次使用格式刷，可以双击"格式刷"按钮，完成操作后按下【Esc】键，或再次单击"格式刷"按钮，即可将鼠标指针恢复。

（5）设置页眉页脚

设置奇数页页眉为"基因发展"、偶数页页眉为"基因特点"。

选择"插入"功能区的"页眉和页脚"组中的"页眉"按钮，选择"空白页眉"样式，则光标自动定位到页眉区域，在其中输入文字"基因发展"。选择"页眉和页脚工具设计"功能区"选项"组，勾选"奇偶页不同"，如图 4.35 所示。将鼠标定位到偶数页页眉，输入文字"基因特点"。选择"关闭"组中"关闭页眉和页脚"按钮，退出页眉页脚的编辑。

4.35 设置奇偶页不同

（6）查找替换字符

将正文中所有的"基因"设置为楷体，小四号字，深红色。

选中正文中所有段落后，选择"开始"功能区中的"编辑"组的"替换"命令，弹出"查找和替换"对话框；在对话框查找内容中输入"基因"，在"替换为"框中输入"基因"。单击"更多"按钮，将光标定位在替换内容的文字中单击"格式"按钮，在弹出的菜单中单击"字体"

选项,弹出"替换字体"对话框;在"替换字体"对话框中设置楷体,小四,深红色,如图 4.36
所示。

图 4.36　设置替换字体格式

单击该对话框上的"确定"按钮,则在替换的文字下方会出现一行格式信息,如图4.37
所示。单击"全部替换"按钮,则出现如图 4.38 所示的替换完成的对话框,单击"否"即可。

图 4.37　查找和替换

图 4.38 确认替换

（7）设置段落边框

给正文第二段加上 1.5 磅带阴影的绿色双线边框，填充黄色底纹。

选中正文第二段后，选择"开始"功能区"段落"组中的 图标，单击右侧下拉三角箭头，选择"边框和底纹"选项，在"边框和底纹"对话框中设置边框"设置"为阴影，"样式"为双线，"颜色"为绿色，"宽度"为 1.5 磅，如图 4.39 所示。

单击"底纹"选项卡，设置"填充"颜色为黄色。如图 4.40 所示。单击该对话框上的"确定"按钮，使设置生效。

图 4.39 设置边框和底纹

图 4.40 设置填充色

（8）设置页面边框

设置页面边框为浅绿色单波浪线，宽度为 1.5 磅。选择"开始"功能区"段落"组中的
⊞▾ 图标后，单击右侧下拉三角箭头，选择"边框和底纹"选项，在"边框和底纹"对话框中
单击"页面边框"选项卡，设置"样式"为单波浪线，"颜色"为浅绿，"宽度"为 1.5 磅。

（9）分栏

将正文倒数第三段分为等宽两栏，栏间加分隔线。选中正文的倒数第三段后，选择
"页面布局"功能区"页面设置"组中的"分栏"，点击"更多分栏"在"分栏"对话框中设置分
栏为两栏，在分隔线前的方框中单击，使其出现"√"标记，如图 4.41 所示。单击该对话框
上的"确定"按钮，使设置生效。

图 4.41　设置分栏

2. Word 文档中的对象操作

（1）插入并设置艺术字

参考样张，在正文第五段插入艺术字"核糖核酸"，采用第三行第一列样式；设置其字
体为黑体，36 号字，环绕方式为紧密型，居中对齐。

将光标定位在正文的第五段，选择"插入"功能区"文本"组中的"艺术字"按钮，在弹出
的下拉列表框中选择第三行第一列样式，如图 4.42 所示。则文档出现如图 4.43 所示的
艺术字样式文本框。直接输入艺术字内容"核糖核酸"。

选中艺术字"核糖核酸"，在"开始"功能区"字体"组中，点击右下角三角箭头按钮，打
开"字体"对话框，设置字体为黑体，字号为 36。选中艺术字"核糖核酸"，功能区中自动出
现"绘图工具"，利用"绘图工具"中的"格式"选项卡提供的按钮，可以完成更改艺术字的样
式、设置填充效果、设置艺术字的阴影或三维效果、设置艺术字的对齐方式等。如图 4.44
所示。

图 4.42 选择艺术字样式

图 4.43 艺术字样式文本框

图 4.44 "绘图工具"栏的"格式"选项卡

　　选择"绘图工具""格式"中"排列"组，点击"自动换行"，在弹出的下拉列表框中选择"其他布局选项"打开"布局"对话框，点击"文字环绕"选项卡，设置"文字环绕"为"紧密型"。如图 4.45 所示。点击"位置"选项卡，设置水平对齐方式"居中"，如图 4.46 所示。

图 4.45　布局对话框"文字环绕"选项卡

图 4.46　布局对话框"位置"选项卡

（2）设置形状格式

在文章的最后一段插入形状"前凸带形"，输入文字"复合基因"，将其字体设置为华文彩云，三号字，蓝色，加粗，并适当调整图形大小。设置该形状的边框为 1 磅蓝色，填充色为浅蓝，环绕方式为四周型，居中。

将光标定位在最后一段，选择"插入"功能区的"插图"组，点击"形状"按钮，在弹出的下拉列表框中选择"星与旗帜"下的"前凸带形",如图 4.47 所示。

图 4.47   设置形状

此时鼠标为"＋"形,将鼠标移到最后一段的合适位置,按下左键拖动鼠标,画出该形状。右击该形状,在弹出的快捷菜单中,选择"添加文字",在形状中光标闪烁的位置输入文字"复合基因",选中输入的文字"复合基因",选择"开始"功能区中的"字体"组,单击右下角三角箭头,打开字体对话框,设置字体为华文彩云,字号三号,字形加粗,字体颜色为蓝色。适当调整形状的大小,使其中的文字都能显示。

右击形状,在弹出的快捷菜单中选择"设置形状格式"选项,在出现的"设置形状格式"对话框中,在填充中选择纯色填充,颜色为浅蓝。线条颜色为蓝色,线型宽度为 1 磅。如图 4.48～4.50 所示。选中插入的形状,功能区中自动出现"绘图工具",选择"绘图工具格式"中"排列"组,点击"自动换行",在弹出的下拉列表框中选择"其他布局选项"打开"布局"对话框,点击"文字环绕"选项卡,设置"文字环绕"为"四周型"。点击"位置"选项卡,设置水平对齐方式"居中"。

图 4.48 "设置形状格式"对话框"填充"选项卡

图 4.49 "设置形状格式"对话框"线条颜色"选项卡

图 4.50　"设置形状格式"对话框"线型"选项卡

（3）设置图片格式

参考样张，在正文的倒数第一段与第二段之间插入实验素材中的图片"jy.jpg"，并设置图片大小为高度 5 厘米，宽度 8 厘米，环绕方式为上下型，居中显示。

将光标移到最后一段之前，单击回车键，在新的空行位置插入图片。选择"插入"功能区的"插图"组，点击"图片"按钮，选择实验素材路径下的图片"jy.jpg"。右击插入的图片，在弹出菜单中选择"大小和位置"，在"布局"对话框中单击"大小"选项卡，将锁定纵横比和相对原始图片大小前的方框中的"√"标记去除，在高度和宽度中绝对值中分别输入 5 厘米和 8 厘米，如图 4.51 所示。

图 4.51　"布局"对话框"大小"选项卡

单击"文字环绕"选项卡,环绕方式选择"上下型",单击"位置"选项卡,在水平对齐方式中单击"居中",最后单击该对话框上的"确定"按钮,使设置生效。

（4）设置文本框格式

参考样张,在文章倒数第二段文字适当的位置插入竖排文本框,文本内容为"奇特的基因",设置其字体格式为黑体、四号字、红色。设置文本框格式为黄色填充色,半透明,边框蓝色,短划线,1磅,高度为3厘米,宽度为1.5厘米,环绕方式为四周型,右对齐。

选择"插入"功能区中的"文本"组的"文本框"后,选择"绘制竖排文本框"选项,如图4.52所示。将鼠标移到倒数第二段文字的适当位置,鼠标为"＋"形,按下左键拖动鼠标,画出竖排文本框。在竖排文本框中输入文字"奇特的基因",选中文字"奇特的基因"后,鼠标右键单击,选择"字体"命令,在"字体"对话框中,设置字体为黑体,字号为四号,字体颜色为红色。

图4.52　插入竖排文本框

单击文本框边框位置,选中文本框后右击,在弹出菜单中单击"设置形状格式"选项。打开"设置形状格式"对话框,在填充选项中,填充颜色中选择黄色,透明度中输入50％,线条颜色选项中,线条颜色选择蓝色,线型选项中,短划线类型选择短划线,宽度输入1磅,如图4.53、4.54所示。

图 4.53　"设置形状格式-填充"

图 4.54　"设置形状格式-线型"

　　单击文本框边框位置,选中文本框后右击,在弹出菜单中单击"其他布局"选项。弹出"布局"对话框,单击"大小"选项卡,设置文本框的高度为 3 厘米,宽度为 1.5 厘米,单击"文字环绕"选项卡,设置环绕方式为四周型,单击"位置"选项卡,设置水平对齐方式为右对齐。

保存完成的文档。

3. Word 中的表格操作

在文档的最后插入一个藏报春的花色性状表,内容如表 4.1 所示。

表 4.1　藏报春的花色性状表

温度	基因型及其表型		
	AA	Aa	aa
20～25℃	红花	红花	白花
30℃以上	白花	白花	白花

（1）插入表格

选择"插入"功能区"表格"组中的"表格",选择"插入表格",在弹出的"插入表格"对话框中输入表格的行数为 4、列数为 4,如图 4.55 所示,单击"确定"按钮,完成表格插入。

图 4.55　插入表格

（2）格式化表格

① 合并单元格。选中需要合并的表格中的单元格,将鼠标指针移到第一行第一列单元格,鼠标变成"I"形后往下拖动至第二行第一列,此时第一行第一列与第二行第一列都被选中,被选中的单元格呈填充色。单击"表格工具""布局"功能区中的"合并"组,选择"合并单元格"选项。第一行的二、三、四列也是按照上述方法合并单元格。如图 4.56 所示。

图 4.56　合并单元格

② 拆分单元格。选中需要拆分的表格中的单元格,选择"表格工具""布局"功能区中的"合并"组,选择"拆分单元格"。在弹出的"拆分单元格"对话框中输入要拆分成的行数

和列数,单击"确定"完成单元格拆分。

③ 设置表格边框。选中需要设置边框的单元格,择"表格工具""设计"功能区中的"绘图边框"组,点击右下角的三角箭头,在弹出的"边框和底纹"对话框中设置表格边框的线型、颜色、宽度和样式,如图 4.57,图 4.58 所示。

图 4.57　表格工具设计功能区

图 4.58　边框和底纹对话框

④ 设置表格文字对齐方式。选择所有单元格中的文字,右击选定的文字,在弹出的菜单中选择"单元格对齐方式",在"单元格对齐方式"子菜单中单击"对齐样式"中第二行第二列的样式。

⑤ 删除表格。选中整张表格,单击"表格"菜单中的"删除"→"表格"选项即可删除表格。

保存完成的文档。

☞章节练习

1. 打开 WORD1A. docx,完成下列操作并保存。

(1) 将标题段文字("'星星连珠'会引发灾害吗?")设置为蓝色(标准色),小三号字,黑体,加粗,居中。

(2) 设置正文各段落("'星星连珠'时,……可以忽略不计。")左右各缩进 0.5 字符,段后间距 0.5 行。将正文第一段("'星星连珠'时,……特别影响。")分为等宽的两栏,栏间距为 0.19 字符,栏间加分隔线。

(3) 设置页面边框为红色 1 磅方框。

(4) 打开 WORD1B. docx,在表格最右边插入一列,输入列标题"实发工资",并计算出各职工的实发工资。并按"实发工资"列升序排列表格内容。

(5) 设置表格居中,表格列宽为 2 厘米,行高为 0.6 厘米,表格所有内容水平居中,设置表格所有框线为 1 磅红色单实线。

样张 1:

样张 2:

职工号	单位	姓名	基本工资	职务工资	岗位津贴	实发工资
1058	一厂	张雨	670	360	390	1420
1031	一厂	王平	706	350	380	1436
2021	二厂	李万全	850	400	420	1670
3074	三厂	刘福来	780	420	500	1700

2. 打开 WORD2A. docx,完成下列操作并保存。

(1) 将标题段文字("信息与计算机")设置为三号,蓝色(标准色),黑体,居中,并添加黄色底纹。

(2) 将正文各段文字("在进入新世纪……互相依存和发展着。")设置为小四号字,楷体;各段落左右各缩进 2.2 字符,首行缩进 2 字符,1.2 倍行距。

(3) 设置页面纸张大小为"16 开 184×260 毫米(18.4×26 厘米)",页面左右边距各 2.7 厘米;为页面添加红色 1 磅阴影边框。

(4) 打开 WORD2B. docx,设置表格居中,表格中的第 1 行和第 1 列文字水平居中,其余各行各列文字中部右对齐。

(5) 设置表格列宽为 2.7 厘米,行高 0.6 厘米;表格所有框线为红色 1 磅单实线;按"涨跌"列降序排列表格内容。

样张 1：

样张 2：

2001 年 11 月 1 日全球主要市场指数一览		
指数名称	最新指数	涨跌
恒升指数	10158	84.88
纳斯达克指数	1690	22.79
金融时报指数	5025	-14.40
日经指数	10347	-19.06
道琼斯指数	9075	-46.84
法兰克福指数	4506	-53.04

3. 打开 WORD3.docx，完成下列操作并保存。

（1）将标题段（"六指标凸显 60 年中国经济变化"）文字设置为红色（标准色），三号字，黑体，加粗，居中并添加着重号。

（2）将正文各段（"对于中国经济总量……还有很长的路要走。"）中的文字设置为小四号宋体，行距 20 磅。使用"编号"功能为正文第三段至第八段（"综合国力……正向全面小康目标迈进。"）添加编号"一、"，"二、"，……

（3）设置页面上、下边距各为 4 厘米，页面垂直对齐方式为"底端对齐"。

（4）将文中后 11 行文字转换成一个 11 行 4 列的表格，并将表格样式设置为"简明型1"；设置表格居中，表格中所有文字水平居中；设置表格第一行为橙色（标准色）底纹，其余各行为浅绿色（标准色）底纹。

（5）设置表格第一列宽为 1 厘米，其余各列列宽为 3 厘米；表格行高为 0.6 厘米，表格所有单元格的左、右边距均为 0.1 厘米。

样张：

六指标凸显 60 年中国经济变化

对于中国经济总量在世界上的份量和排行，不同的经济学家、统计学家，也许有不同算法。但在旧中国废墟上，走过六十年不平坦的路，特别是新世纪以来，中国经济取得不凡成就，却是一个不争事实。

国家统计局在共和国六十周年庆典来临之际，用六大指标凸显中国经济不寻常的变化：

一、　综合国力实现由弱到强巨变，国际地位和影响力显著提高。

二、　商品和服务实现由严重短缺到丰富充裕的巨变，主要工农业产品的供给能力名列世界前茅。

三、　经济结构实现由低到高、不均衡到相对均衡的巨大调整，经济发展的协调性明显增强。

四、　基础设施和基础产业实现由薄弱到明显增强的巨大飞跃，对经济发展的支撑能力显著增强。

五、　对外经济实现从封闭半封闭到全方位开放转折，对外贸易和利用外资规模均跃居世界前列。

六、　人民生活实现由贫困到总体小康的历史性跨越，正向全面小康目标迈进。

中国经济六十年之变数据、事例，枚不胜举。当然，用温家宝总理"多么大的经济总量，除以十三亿，都会变得很小"的算法，中国还远远没有自大自满的资格。要真正做到天人和谐、全面小康，中国还有很长的路要走。

4. 打开 WORD4A. docx，完成下列操作并保存。

（1）将文中所有错词"网罗"替换为"网络"；将标题段文字（"常用的网络互连设备"）设置为二号字，红色，黑体，居中。

（2）将正文各段文字（"常用的网络互连设备……开销更大。"）的中文设置为小四号字，宋体，英文和数字设置为小四号字，Arial 字体；各段落悬挂缩进 2 字符，段前间距 0.6 行。

（3）将文档页面的纸张大小设置为"16 开（18.4×26 厘米）"，上下页边距各为 3 厘米；为文档添加内容为"教材"的文字水印。

（4）打开 WORD4B. docx，完成下列操作并保存。

（5）在表格右侧增加一列，输入列标题"平均成绩"，并在新增列相应单元格内填入左侧三门功课的平均成绩；按"平均成绩"列降序排列表格内容。

（6）设置表格居中，表格列宽为 2.2 厘米，行高为 0.6 厘米，表格中第 1 行文字水平居中，其他各行文字中部两端对齐；设置表格外框线为红色 1.5 磅双窄线、内框线为红色 1 磅单实线。

样张 1：

常用的网络互连设备

常用的网络互连设备主要有：中继器、网桥、路由器和网关。

中继器比较简单，它只对传送后变弱的信号进行放大和转发，所以只工作在同一个网络内部，起到延长介质长度的作用。它工作在 OSI 参考模型的第一层（物理层）。

网桥是连接不同类型局域网的桥梁，它工作在 OSI 模型的第二层（链路层）。它能对 802.3 以太网、802.4 令牌总线网和 802.5 令牌环网这几种不同类型的局域网实行网间桥接，实现互相通信；但又能有效地阻止各自网内的通信不会流到别的网络，避免了"广播风暴"。

路由器是使用最广泛的能将异形网连接在一起的互连设备。它运行在 OSI 模型的第三层（网络层），不但能实现 LAN 与 LAN 的互连，更能解决体系结构差别很大的 LAN 与 WAN 的互连。

网关运行在 OSI 模型的传送层及其以上的高层，它能互连各种完全不同体系结构的网络。它通常以软件形式存在，比路由器有更大的灵活性，但也更复杂、开销更大。

样张 2：

学号	姓名	高等数学	英语	普通物理	平均成绩
99050201	李响	87	84	89	86.67
99050208	王晓明	80	89	82	83.67
99050214	吴修萍	78	85	86	83
99050229	刘佳	91	62	86	79.67
99050216	高立光	62	76	80	72.67
99050217	赵丽丽	66	82	69	72.33
99050211	张卫东	57	73	62	64

5. 打开 WORD5.docx，完成下列操作并保存。

（1）将标题段（"财经类公共基础课程模块化"）文字设置为三号字，（标准色），黑体，居中并添加蓝色（标准色）双波浪下划线。

（2）将正文各段落（"按照《高等学校……三种组合方式供选择。"）文字设置为小四，仿宋，行距设置为 18 磅，段落首行缩进 2 字符。

（3）在页面顶端居中位置输入"空白"型页眉，无项目符号，小五号字，宋体，文字内容为"财经类专业计算机基础课程设置研究"。

（4）将文中后 8 行文字转换为一个 8 行 5 列的表格；设置表格居中，表格第 2 列列宽为 6 厘米，其余列列宽为 2 厘米，行高 0.6 厘米，表格中所有文字水平居中。

（5）设置表格所有框线为 1 磅红色（标准色）单实线；计算"合计"行"讲课"，"上机"及

"总学时"的合计值(使用 sum 函数)。

样张:

财经类专业计算机基础课程设置研究

财经类公共基础课程模块化

按照《高等学校文科类专业大学计算机教学基本要求(2003年版)》要求,财经类公共基础部分的内容包括:计算机基础知识(软、硬件平台)、微机操作系统及其使用、多媒体知识与应用基础、办公软件应用、计算机网络基础、Internet 基本应用、电子政务基础、电子商务基础、数据库系统基础和程序设计基础等。

公共基础课程的组成由模块组装构筑。如果课时有限,并且考虑到有些学生已经具备了其中的部分知识,《基本要求》给出了公共基础课程的三种组合方式供选择。

第一种组合方式:课程名可为:大学计算机应用基础

序号	模块	讲课	上机	总学时
1	计算机基础知识	6	2	8
2	微机操作系统及其应用	4	4	8
3	多媒体知识和应用基础	7	7	14
4	办公软件应用	14	14	28
5	计算机网络基础	10	8	18
6	Internet 基本应用	7	7	14
合计		48	42	90

6. 打开 WORD6A. docx,完成下列操作并保存。

(1)将标题段文字("为什么水星和金星都只能在一早一晚才能看见?")设置为三号字,仿宋,加粗,居中并为标题段文字添加红色方框;段后间距设置为 0.5 行。

(2)给文中所有"轨道"一词添加波浪下划线;将正文各段文字("除了我们……开始减小了。")设置为五号字,楷体;各段落左右各缩进 1 字符;首行缩进 2 字符。将正文第三段("我们知道……开始减小了。")分为等宽的两栏,栏间距为 1.62 字符,栏间加分隔线。

(3)设置页面颜色为浅绿色;为页面添加蓝色(标准色)阴影边框;在页面底端插入"普通数字 3"样式页码,并将起始页码设置为"3"。

(4)打开 WORD6B. docx,完成下列操作并保存。

(5)插入一 5 行 5 列表格,设置列宽为 2.4 厘米,表格居中;设置外框线为红色 1.5 磅单实线、内框线为绿色(标准色)0.5 磅单实线。

(6)对表格进行如下修改:在第 1 行第 1 列单元格中添加绿色 0.75 磅单实线左上右下的对角线;将第 1 列 3 至 5 行单元格合并;将第 4 列 3 至 5 行单元格平均拆分为 2 列;表格设置底纹为"白色,背景 1,深色 15%"的底纹。

样张 1：

样张 2：

7. 打开 WORD7A. docx，完成下列操作并保存。

（1）将文中所有错词"漠视"替换为"模式"；将标题段（"8086/8088 CPU 的最大模式和最小模式"）的中文设置为黑体；英文设置为 Arial Unicode MS 字体，红色，四号字，字符间距加宽 2 磅，标题段居中。

（2）将正文各段文字（"为了……协助主处理器工作的。"）的中文设置为五号字，仿宋；英文设置为五号字，Arial Unicode MS 字体；各段落左右各缩进 1 字符，段前间距 0.5 行。

（3）为正文第一段（"为了……模式。"）中的 CPU 加一脚注：Central Process Unit；为正文第二段（"所谓最小模式……名称的由来。"）和第三段（"最大模式……协助主处理器工作的。"）分别添加编号"1)"、"2)"。

（4）打开 WORD7B. docx，完成下列操作并保存。

（5）在表格最后一行的"学号"列中输入"平均分"（使用 average(above)函数）；并在最后一行相应单元格内填入该门课的平均分。将表中的第 2 至第 6 行按照学号的升序排序。

（6）表格中的所有内容设置为五号字，宋体，所有文字水平居中；设置表格列宽为 3 厘米、表格居中；设置外框线为蓝色(标准色)1.5 磅双实线、内框线为蓝色(标准色)1 磅单实线、表格第一行底纹为"橙色，强调文字颜色 6，淡色 60％"。

样张 1：

8086/8088 CPU 的最大模式和最小模式

为了尽可能适应各种各样的工作场合，8086/8088 CPU 设置了两种工作模式，即最大模式和最小模式。

1) 所谓最小模式，就是在系统中只有 8086/8088 一个微处理器。在这种系统中，所有的总线控制信号都直接由 8086/8088 CPU 产生，因此，系统的总线控制电路被减到最少。这些特征就是最小模式名称的由来。

2) 最大模式是相对最小模式而言的。最大模式用在中等规模的或者大型的 8086/8088 系统中。在最大模式中，总是包含有两个或多个微处理器，其中一个主处理器就是 8086/8088，其它的处理器称为协处理器，它们是协助主处理器工作的。

样张 2：

学号	微机原理	计算机体系结构	数据库原理
99050215	57	73	62
99050219	80	89	82
99050220	78	85	86
99050222	91	62	86
99050232	66	82	69
平均分	74.4	78.2	77

8. 打开 WORD8A. docx，完成下列操作并保存。

（1）将标题段（"8086/8088CPU 的 BIU 和 EU"）的中文设置为四号，红色，宋体；英文设置为四号，红色，Arial Unicode MS 字体；标题段居中，字符间距加宽 2 磅。

（2）将正文各段文字（"从功能上看……FLAGS 中。"）的中文设置为五号，仿宋；英文设置为五号，Arial Unicode MS 字体；各段落首行缩进 2 字符，段前间距 0.5 行。

（3）为文中所有"数据"一词加粗并添加着重号；将正文第三段（"EU 的功能是……FLAGS 中。"）分为等宽的两栏，栏宽 18 字符，栏间加分隔线。

（4）打开 WORD8B. docx，完成下列操作并保存。

（5）为表格第 1 行第 2 列单元格中的"［X］"添加"补码"下标；设置表格居中；设置表格中第 1 行文字水平居中，其他各行文字中部右对齐。

（6）设置表格列宽为 2 厘米，行高为 0.6 厘米；设置外框线为红色 1.5 磅双窄线，内框线为绿色（标准色）1 磅单实线，第 1 行单元格为黄色底纹。

样张 1：

8086/8088CPU 的 BIU 和 EU

从功能上看，8086 分为两个部分——总线接口部件（Bus Interface Unit, BIU）和执行部件（Execution Unit, EU）。

BIU 的主要功能是负责与存储器、I/O 端口传送数据。即：BIU 要从内存取指令到指令队列；当 CPU 执行指令时，BIU 要配合 EU 从指定的内存单元或者外设端口取数据，将数据传送给 EU，或者把 EU 的操作结果传送到指定的内存单元或者外设端口。

EU 的功能是执行指令，EU 从指令队列中取出指令代码，将其译码，发出相应的控制信息。数据在 ALU 中进行运算，运算结果的特征保留在标志寄存器 FLAGS 中。

样张 2：

X 真值	[X]补
0	0
62H	62H
−62H	9EH
−7FH	81H

第 5 章　Excel 操作

实验十　Excel 基本操作

Excel 2010 是 Microsoft Office 2010 办公组件中用于数据处理的一个电子表格软件。它以直观的表格形式、简单的操作方式和友好的操作界面为用户提供了强大的表格设计、数据处理(计算、排序、筛选、统计)功能。

一、实验目的

1. 掌握工作簿、工作表、单元格、单元格区域的基本操作
2. 掌握数据的录入、填充、公式计算、函数计算等操作
3. 掌握数据的格式化操作
4. 掌握数据的排序、筛选、分类汇总
5. 掌握图表的制作

二、实验内容与步骤

1. 启动 Excel

① 单击"开始"按钮,选择"所有程序"组中的 Microsoft Office,再单击 Microsoft Office 2010,打开 Microsoft Office Excel 2010。

② 若桌面上有 Excel 快捷方式图标,双击它,也可启动 Excel。

2. Excel 窗口

启动 Excel 后,即打开 Excel 应用程序窗口。他的工作窗口及界面与 Word 很相似,窗口由标题栏、菜单栏、功能区、数据编辑区、名称栏、状态栏、工作表区等组成。如图 5.1 所示。

图 5.1　Excel 2010 窗口界面

3. 工作簿、工作表和单元格

① 工作簿。一个 Excel 文档就是一个工作簿。其扩展名为.xlsx。工作簿有多种类型，包括 Excel 工作簿(*.xlsx)、Excel 启用宏的工作簿(*.xlsm)、Excel 二进制工作簿(*.xlsb)、Excel 97 - 2003 工作簿(*.xls)等类型。其中 *.xlsx 是 Excel 2010 默认的保存类型。

② 工作表。默认情况下每个工作簿中包括名称为 Sheet1、Sheet2 与 Sheet3 的 3 个工作表，可改名。工作表可根据需要增加或减少，工作表可容纳的最大工作表数目与可用内存有关。工作表是 Excel 窗口的主体，由行和列组成，每张工作表包含 1048576 行和 16384 列，工作表由工作表标签来标识。单击工作表标签按钮可以实现不同工作表之间的切换。

③ 单元格。工作表中行和列相交形成的框称为单元格，它是组成工作表的最小单位，每个单元格用其所在的列标和行号标识。列标是字母，行号是数字，字母在前，数字在后。例如，A3 单元格位于工作表第一列第三行的单元格。用户单击某单元格时，在名称框中会出现该单元格的名称。如图 5.2 所示。单元格中可以输入文本、数值、公式等。

图 5.2　单元格名称和当前单元格

④ 当前单元格。用鼠标单击一个单元格，该单元格就是当前(选定)单元格。此时单元格的框线变成粗黑线。

4. 退出 Excel

① 单击标题栏右端 Excel 窗口的关闭按钮。

② 选择 Excel 窗口中的文件菜单下的退出命令。

③ 按快捷键【Alt＋F4】。

5. 建立工作簿

① 在"文件"菜单下,选择"新建"选项,在右侧双击"空白工作簿"按钮,就可以成功创建一个空白文档。

② 单击快速访问工具栏中的"新建"按钮。

6. 保存工作簿

① 使用文件菜单中的保存命令。

② 单击快速访问工具栏中的保存按钮。

③ 直接按快捷键【Ctrl＋S】。

④ 换名保存。使用"文件"菜单中的"另存为"命令,在"另存为"对话框中进行保存操作。

7. 数据的输入

① 输入文本数据。选定单元格,直接由键盘输入,完成后按【Enter】键或单击编辑栏中输入按钮。默认情况下,输入到单元格中的文本数据是左对齐的。在输入由数字组成的文本时,以英文状态的单引号"'"作为前导开始输入数字。或者以等号作为前导并将数据用双引号括起,系统会将输入的内容自动识别为文本数据,并以文本形式在单元格中保存和显示。例如,键入"″01087365288″",或者键入"″＝″″01087365288″″",则 01087365288 是文本数据。

② 输入数值数据。数值数据的输入与文本数据输入类似,但数值数据的默认对齐方式是右对齐。在一般情况下,如果输入的数据长度超过了 11 位,则以科学计数法(如 1.23456E＋14)显示数据。

③ 输入日期和时间。日期和时间也是数据,具有特定格式,输入日期时,可用"/"或"-"分隔年、月、日部分,如 2014 - 9 - 18;输入时间时,可用":"分隔时、分、秒部分,如 11:23:30。(注意,此处标点符号都为英文状态下的)。Excel 将把它们识别为日期或时间型数据。

④ 填充输入。对重复或有规律变化的数据的输入,可用数据的填充来实现。在单元格或区域右下角有一个小方块称为填充柄,双击或拖动它可以自动填充数据,如星期、月份、季度、等差数据等。

8. 数据编辑

① 修改单元格内容。双击单元格,在单元格中直接输入新的内容;或单击单元格,输入内容,以新内容取代原有内容。

② 插入单元格、行或列。选择插入位置,在"开始"功能区的"单元格"组中单击"插入"下拉箭头,选择需要的插入方式,然后单击"确定"按钮。

③ 删除单元格、行或列。选定要删除的单元格或行、列,在"开始"功能区的"单元格"组中单击"删除"下拉箭头,选择需要删除的单元格、行或列。

④ 清除单元格数据。选定要清除的单元格区域,在"开始"功能区的"编辑"分组中,

单击"清除"下拉按钮,有 6 个选项可供选择,分别为"全部清除"、"清除格式"、"清除内容"、"清除批注"、"清除超链接"和"删除超链接"。

Ⅰ. 全部清除:清除单元格中的格式、数据内容和批注。

Ⅱ. 清除格式:只清除所选单元格中的格式。

Ⅲ. 清除内容:只清除所选单元格中的数据内容。

Ⅳ. 清除批注:只清除所选单元格中的批注。

Ⅴ. 清除超链接:只清除所选单元格中的超链接,不清除格式。

Ⅵ. 删除超链接:删除所选单元格中的超链接。

⑤ 复制和移动单元格。选择需要移动的单元格,并将鼠标置于单元格的边缘上,当光标变成四向箭头形状时,拖动鼠标即可。复制单元格时,将鼠标置于单元格的边缘上,当光标变成四向箭头形状时,按住【Ctrl】键拖动鼠标即可。也可利用工具栏中的"剪切"或"复制"以及"粘贴"按钮完成。

⑥ 单元格与区域的选择:

Ⅰ. 单元格选取:单击要选择的单元格即可。

Ⅱ. 连续的单元格区域:首先选择需要选择的单元格区域中的第一个单元格,然后拖动鼠标即可或按住【Shift】键,再单击要选区域右下角单元格。此时,该区域的背景色将以蓝色显示。

Ⅲ. 不连续的单元格区域:首先选择第一个单元格,然后按住【Ctrl】键逐一选择其他单元格即可。

Ⅳ. 选择整行:将鼠标置于需要选择行的行号上,当光标变成向右的箭头时,单击即可。另外,选择一行后,按住【Ctrl】键一次选择其他行号,即可选择不连续的整行。

Ⅴ. 选择整列:与选择行的方法大同小异,也是将鼠标置于需要选择的列的列标上,单击即可。

Ⅵ. 选择整个工作表:直接单击工作表左上角行号与列标相交处的"全部选定"按钮即可,或者按住【Ctrl＋A】组合键选择整个工作表。

9. 工作表的基本操作

① 选定工作表。

Ⅰ. 选定多个相邻的工作表:单击这几个工作表中的第一个工作表标签,然后按【Shift】键并单击工作表中的最后一个工作表标签。

Ⅱ. 选定多个不相邻的工作表。按住【Ctrl】键并单击每一个要选定的工作表标签。

② 插入工作表。在"开始"功能区的"单元格"组中单击"插入"按钮的下拉箭头,并选择"插入工作表"命令。或选中工作表标签,右键单击,在弹出的快捷菜单中选择"插入…"选择"工作表"。

③ 删除工作表。选中要删除的工作表,在"开始"功能区的"单元格"组中单击"删除"按钮的下拉箭头,并选择"删除工作表"命令。或选中工作表标签,右键单击,在弹出的快捷菜单中选择"删除"命令。

④ 重命名工作表。鼠标右击要重命名的工作表标签,在弹出的快捷菜单中选择"重命名"命令,或者双击工作表标签,输入新的名字后,按回车键即可。

⑤ 移动和复制工作表：

Ⅰ. 在同一个工作簿移动(或复制)工作表：拖动(或按住【Ctrl】键＋拖动)工作表标签至合适的位置后放开即可。

Ⅱ. 在不同工作簿移动(或复制)工作表：打开源工作簿和目标工作簿，单击源工作簿中要移动(或要复制)的工作表标签，使之成为当前工作表；在"开始"功能区的"单元格"分组中，单击"格式"下拉按钮，在"组织工作表"项中选择"移动或复制工作表"命令，弹出的"移动或复制工作表"对话框，在对话框的"工作簿"栏中选中目标工作簿，在"下列选定工作表之前"栏中选定在目标工作簿中插入的位置。

10. 设置单元格格式

选定要格式化的单元格或单元格区域，选择"开始"功能区"对齐方式"组中的下拉箭头，在弹出的对话框中可对单元格内容的数字格式、对齐方式、字体、填充、单元格边框以及保护方式等格式进行定义。如图 5.3～5.7 所示。

图 5.3　设置单元格格式-数字格式

图 5.4　设置单元格格式-单元格对齐方式

图 5.5　设置单元格格式-单元格字体

图 5.6　设置单元格格式-单元格边框

图 5.7　设置单元格格式-单元格图案

11. 设置行高和列宽

① 行高和列宽的精确调整。选中需要调整的行或列，在"开始"功能区的"单元格"组中单击"格式"下拉箭头，进行相应选项的调整，如图 5.8 所示。

图 5.8　行高列宽的设置

② 行高和列宽的鼠标调整。鼠标指向要调整的行高（或列宽）的行标（或列标）的分隔线上，这时鼠标指针会变成一个双向箭头的形状，拖曳分割线至适当的位置即可。

　　③ 行高和列宽的自动调整。选定要调整的行,将鼠标移到要调整的行标号左下界,当鼠标指针呈一个双向箭头的形状时,双击即可;或者在"开始"功能区的"单元格"组中单击"格式"下拉箭头,选择"自动调整行高"。列宽的自动调整类似。

12. 行列的隐藏和取消

　　选定要隐藏的行(或列),单击鼠标右键,在弹出的快捷菜单中选择"隐藏"命令。或者在"开始"功能区的"单元格"组中单击"格式"下拉箭头,选择"隐藏和取消隐藏"。进行相应设置。如图 5.9 所示。

图 5.9　行列的隐藏和取消

13. 设置条件格式

　　使用条件格式,可以实现数据的突出显示,并且可以使用"数据条"、"色阶"和"图表集"3 种内置的单元格图形效果样式。要设置条件格式,可以在"开始"功能区的"样式"组中,单击"条件格式"下拉列表框中的相应按钮,有"突出显示单元格规则"、"项目选取规则"、"数据条"、"色阶"、"图表集"等项。如图 5.10 所示。

图 5.10　设置条件格式

14. 使用样式

样式是单元格的字体、字号、边框等属性特征的组合。这些属性特征的组合可以被保存下来,提供给用户使用。可以在"开始"功能区的"样式"分组中,单击"单元格样式"下拉按钮,如图 5.11 所示。

图 5.11　单元格样式

15. 自动套用格式

Excel 套用表格格式功能提供了 60 种表格格式,使用它可以快速对表格进行格式化操作。套用表格格式的步骤如下:选中需格式化的单元格,在"开始"功能区的"样式"组中,单击"套用表格格式"下拉列表框中的相应按钮,打开"套用表格"对话框,根据实际情况确定是否勾选"表包含标题"复选框,单击"确定"按钮。如图 5.12 所示。

图 5.12　自动套用格式

16. 使用模板

模板是含有特定格式的工作簿。在"文件"菜单下,选择"新建"选项,在右侧双击选择所需的模板按钮,就可以成功用模板建立新工作簿。

17. 自动计算

自动计算是指无需公式就能自动计算一组数据的累加和、平均值、最大值、最小值等数据功能。运用自动计算可以计算相邻的数据区域,也可以计算不相邻的数据区域。如多区域自动求和的方法:选定存放结果的目标单元格,在"公式"功能区的"函数库"分组中,单击"自动求和"按钮,此时,数据编辑区显示为:SUM。选定参与求和的各区域(选定区域会被动态的虚线框为主)。按【Enter】键确认。

18. 公式的使用

在 Excel 中,公式是以等号(=)开始,由数值、单元格引用(地址)、函数或操作符组成的序列。利用公式可以根据已有的数值计算出一个新值,当公式中相应单元格的值改变时,由公式生成的值亦随之改变。公式的输入方法是:选定存放结果的单元格后,双击该单元格,输入公式。也可以在数据编辑区输入公式。公式中的单元格地址可以通过键盘输入,也可以通过直接单击该单元格获得。运算符包括算术运算符、关系运算符和文本运算符和引用运算符4种类型。

① 算术运算符:"+"(加)、"−"(减)、"＊"(乘)、"/"(除)、"％"(百分比)、"⁀"(指数)

② 关系运算符:"="(等于)、">"(大于)、"<"(小于)、">="(大于等于)、"<="(小于等于)、"<>"(不等于)

③ 文本运算符:"&"(连接)

④ 引用运算符:":"(冒号,区域运算符)、空格(交集运算符)、","(逗号,联合运算符),它们通常在函数表达式中表示运算区域。

19. 单元格引用

单元格引用就是指单元格的地址表示,而单元格地址根据它被复制到其它单元格时是否会改变,通常分为相对引用、绝对引用和混合引用3种。

① 相对地址与相对引用。相对地址是指直接用列号和行号组成的单元格地址,相对引用是指把一个含有单元格地址的公式复制到一个新的位置,对应的单元格地址发生变化,即引用单元格的公式而不是单元格的数据。如在G3单元格中输入"=B3+C3+D3+E3+F3",将G3单元格复制到G4单元格后,G4中的公式变为"=B4+C4+D4+E4+F4"。

② 绝对地址与绝对引用。绝对地址是指在列号和行号的前面加上"＄"字符而构成的单元格地址,绝对引用是指在把公式复制或填入到新单元格位置时,其中的单元格地址与数据保持不变。如＄B＄2,表示对单元格B2的绝对引用。

③ 混合地址与混合引用。混合地址是指在列号或行号之一采用绝对地址表示的单元格地址。混合引用是指在一个单元格地址引用中,既有绝对地址引用又有相对地址引用,是在单元格地址的行号或列号前加上"＄",如单元格地址"＄A1"表示"列号"不发生变化,而"行"随着新的复制位置发生变化。而单元格地址"A＄1"表示"行号"不发生变化,而"列"随着新的复制位置发生变化。

20. 函数的使用

函数是系统预先定义并按照特定的顺序、结构来执行、分析等数据处理任务的功能模块。函数既可作为公式中的一个运算对象,也可作为整个公式来使用。Excel函数的一般形式如下:

函数名(参数1,参数2,……)

其中,函数名指明要执行的运算,参数指定使用该函数所需的数据。参数可以是常量、单元格、区域、区域名、公式或其他函数。

(1) 函数输入

① 直接输入法。直接在单元格中输入公式。如=MAX(A3:A5)。

② 插入函数法。在"公式"功能区的"函数库"分组中,单击"插入函数"按钮,弹出"插入函数"对话框,选择所需的函数即可。如图5.13、5.14所示。

图 5.13　选择函数

图 5.14　选择数据区域

（2）常用函数介绍

① SUM(number1,number2,……)。求指定参数所表示的一组数值之和。

② AVERAGE(number1,number2,……)。求指定参数所表示的一组数值的平均值。该函数只对参数的数值求平均数,如区域引用中包含了非数值的数据,则 AVERAGE 不把它包含在内。

③ IF(logical_test,value_if_true,value_if_false)。根据 logical_test 的逻辑计算的真假值,返回不同结果,为"真"执行 value_if_true 操作;为"假"执行 value_if_false 操作,IF 函数可嵌套 7 层,用 value_if_true 及 value_if_false 参数可以构造复杂的检测条件。

④ SUMIF(range,criteria,sum_range)。对符合指定条件的单元格区域内的数值进行求和,其中,range 表示的是条件判断的单元格区域;criteria 表示的是指定条件表达式; sum_range 表示的是需要计算的数值所在的单元格区域。

⑤ COUNT(value1,value2,……)。计算参数列表中数字的个数。

⑥ COUNTIF(range,criteria)。对区域中满足指定条件的单元格进行计数。其中,

参数 range 表示需要计算满足条件的单元格区域;参数 criteria 表示计数的条件。

⑦ ROUND(number,num_digits)。将某个数字四舍五入为指定的位数。其中,参数 number 为将要进行四舍五入的数字,num_digits 是得到数字的小数点后的位数。需要说明的是如果 num_digits>0,则舍入到指定的小数位,例如,公式=″ROUND(3.1415926,2)″,其值为 3.14;如果 num_digits=0,则舍入到整数,例如,公式=″ROUND(3.1415926,0)″,其值为 3;如果 num_digits<0,则在小数点左侧(整数部分)进行舍入,例如,公式:=ROUND(759.7852,-4),其值为 800。

⑧ MAX(number1,number2,……)。用于求参数列表中对应数字的最大值。

⑨ MIN(number1,number2,……)。用于求参数列表中对应数字的最小值。

⑩ RANK(number,ref,order)。返回一个数字在数字列表中的排位。其中,number 表示需要排位的数字,ref 表示排名次的范围,order 表示排位的方式(降序或升序),零或省略表示降序;非零表示升序。如 A1:A10 单元格分别为 1,2,3,4,5,6,7,8,9,10。公式"=RANK(A1,A1:A10,0)"为计算 A1 在 A1~A10 中按降序排名的情况,结果为"10",当公式改为"=RANK(A1,A1:A10,1)"其结果将变为 1,是按升序排名。

(3) 关于错误信息

在单元格中输入或编辑公式后,有时会出现错误信息。错误信息一般以"♯"开头,出现的错误有以下几种:

① ♯♯♯♯♯♯　宽度不够,显示不全。

② ♯DIV/0!　被除数为 0。

③ ♯NAME?　在公式中使用了 Microsoft Excel 不能识别的文本。

④ ♯NULL　为两个并不相交的区域指定交叉点。

⑤ ♯NUM!　参数类型不正确。

⑥ ♯REF!　单元格引用无效。

⑦ ♯VALUE!　使用错误的参数或运算符。

21. 图表

(1) 创建图表

选定要绘图的单元格区域,在"插入"功能区的"图表"分组中,单击"图表"按钮,弹出"插入图表"对话框,选择所需图表类型,单击确定键。分别在"图表工具"的"设计"、"格式"、"布局"功能区对图表属性进行设置,以确定图表标题、图例、数据表等。

(2) 编辑和修改图表

图表创建完成之后,如果对工作表进行了修改,图表的信息也会随着变化。

① 修改图表类型。单击已建立好的图表区域,切换到"图表工具"的"设计"功能区,单击"类型"组中的"更改图表类型"按钮,弹出对话框,单击左侧窗口内的图表类型的选项,选定右侧窗口内该类型的子类型后,点击"确定",工作表中的图表类型就改变了。

② 修改图表源数据。单击图表绘图区,切换到"图表工具"的"设计"功能区,单击"数据"组中的"选择数据"按钮,弹出对话框,单击"图表数据区域"右侧的单元格引用按钮 选择新的数据源区域,然后再单击单元格引用按钮 ,返回到"选择数据源"对话

框,此时在"图表数据区域"文本对话框中已经引用了新的数据源的地址,单击"确定"。若要删除工作表和图表中的数据,只要删除工作表中的数据,图表将自动删除。如果只要从图表中删除数据,则在图表上单击所要删除的图表系列,按【Delete】键即可。

③ 修改图表标题、坐标轴标题,图例、数据标签等。

选择图表区域,利用"图表工具"的"布局"功能区的"标签"分组,通过"图表标题"、"坐标轴标题"、"图例"、"数据标签"等按钮,作对应设置。如图 5.16 所示。

(3) 修饰图表

① 利用图表区格式对话框。选择图表区域,单击鼠标右键,在弹出的快捷菜单中选择"设置图表区格式"命令,打开相应对话框,进行图表边框、颜色、字体、属性等设置。如图 5.15 所示。

图 5.15　设置图表区格式

② 利用"图表工具"的"布局"功能区的"背景"分组。选择图表区域,通过"绘图区"、"图表背景墙"、"图表基地"、"三维旋转"等按钮,可以更改绘图区和背景墙的图案、字体和属性的设置。如图 5.16 所示。

③ 利用"图表工具"的"布局"功能的"坐标轴"分组。选择图表区域,通过"坐标轴"、"网格线"等按钮,可以更改坐标轴的图案、刻度、数字、字体、对齐等设置。如图 5.16 所示。

图 5.16　图表工具布局功能

22. 数据排序

(1) 用"排序"菜单命令排序

选择工作表数据区任一单元格。在"数据"功能区的"排序和筛选"分组,单击"排序"按钮,弹出"排序"对话框。在"主要关键字"栏中选择第一排序的列名,并在其后选择排序次序(升序或降序),点击"添加条件",在"次要关键字"栏中选择第二排序的列名,并在其后选择排序次序(升序或降序),勾选"数据包含标题",点击"确定"。如图 5. 17 所示。

图 5.17　排序对话框

（2）利用工具栏升序按钮和降序按钮排序

单击某字段名,该字段为排序关键字。在"数据"功能区的"排序和筛选"分组中的两个排序工具按钮,"升序"和"降序"。单击排序工具按钮,数据表的记录按指定顺序排列。

（3）对某区域排序

若只对数据表的部分记录进行排序,则先选定排序的区域,然后用上述方法进行排序。

23. 数据筛选

数据筛选是指从工作表包含的众多行中挑选出符合条件的一些行的操作方法。

（1）自动筛选

① 在"开始"功能区的"编辑"分组中,单击"排序和筛选"下拉按钮,选择"筛选"选项;或者在"数据"功能区的"排序和筛选"分组,单击"筛选"按钮。此时,数据表的每个字段名旁边出现下拉按钮,单击下拉按钮,将出现下拉列表框。

② 单击与筛选条件有关的字段的下拉按钮。在出现的下拉列表中进行条件选择。

③ 如要取消筛选,在"开始"功能区的"编辑"分组中,单击"排序和筛选"下拉按钮,选择"清除"选项即可取消筛选。或在"开始"功能区的"编辑"分组中,单击"排序和筛选"下拉按钮,选择"筛选"选项同样可以取消筛选。另外,利用"数据"功能区的"排序和筛选"分组也可以实现相同的功能。

（2）高级筛选

首先在工作表空白处输入筛选条件,单击工作表数据清单中的任意单元格,在"数据"功能区的"排序和筛选"分组中,单击"高级筛选"按钮,弹出"高级筛选"对话框,单击"列表区域"右侧的折叠按钮,弹出"高级筛选-列表区域"对话框,用鼠标选择筛选区域,也可以在文本框中手动输入筛选区域,然后再次按右侧的折叠按钮,返回"高级筛选"对话框,再用同样的方法设置"条件区域","复制到"右侧的文本框则可以让用户自定义筛选出来的记录所放置的区域,如果不选择,那么筛选结果显示在原来的工作表中。最后点击"确定"完成高级筛选操作。

在使用高级筛选构造筛选条件时,在数据表前插入若干行作为条件区域,空行的个数以能容纳的条件为限。根据条件在相应字段的上方输入字段名,并在刚输入的字段名下方输入筛选条件。写在相同行的条件是需要同时满足的,写在相同列的条件满足其一即可。

24. 数据分类汇总

分类汇总是对数据内容进行分析的一种方法。分类汇总只能应用于数据清单,数据清单的第一行必须要有列标题。在进行分类汇总前,必须根据分类汇总的数据类对数据清单进行排序。

（1）创建分类汇总

选择数据区域中的任意单元格,在"数据"功能区的"分级显示"分组中,单击"分类汇总"命令,在弹出的"分类汇总"对话框中设置各种选项即可。如图 5.18 所示。

该对话框中主要包含下列几种选项:

① 分类字段。分类字段是用来设置分类汇总的字段依据,包含数据区域中的所有字段。

② 汇总方式。汇总方式是用来设置汇总函数,包含求和、平均值、最大值等 11 种函数。

③ 选定汇总项。选定汇总项是设置汇总数据列。

④ 替换当前分类汇总。表示在进行多次汇总操作时,选中该复选框可以清除前一次的汇总结果,按照本次分类要求进行汇总显示。

图 5.18　分类汇总对话框

⑤ 每组数据分页。选中该复选框,表示打印工作表时,将每一类分别打印。

⑥ 汇总结果显示在数据下方。选中该复选框,可以将分类汇总结果显示在本类最后一行(系统默认是放在本类的第一行)。

（2）删除分类汇总

如果要删除已经创建的分类汇总,可以通过执行"分类汇总"对话框中的"全部删除"命令来清除工作表中的分类汇总。

（3）隐藏分类汇总数据

在显示分类汇总结果的同时,分类汇总表的左侧会自动显示分级显示按钮,使用分级显示按钮可以显示或隐藏分类数据。单击工作表左边列表数的"－"号可以隐藏分类数据,此时"－"号变成"＋"号,单击"＋"号,即将隐藏的数据记录信息显示出来。

25. 数据透视表

（1）创建数据透视表

选择需要创建数据透视表的工作表数据区域,该数据区域要包含列标题。执行"插入"功能区"表格"分组,选择"数据透视表"命令,选择"数据透视表"选项,即弹出"创建数据透视表"对话框,如图5.19所示。

图5.19　创建数据透视表对话框

对话框主要包含以下选项:

① 选择一个表或区域。选中该选项,表示可以在当前工作簿中创建数据透视表的数据。

② 使用外部数据。选中该选项后单击"选择连接"按钮,在弹出"现有链接"对话框中选择要链接的外部数据即可。

③ 新工作表。选中该选项,表示可以将创建的数据透视表显示在新的工作表中。

④ 现有工作表。选中该选项,表示可以将创建的数据透视表显示在当前工作表指定位置中。

⑤ 在对话框单击"确定",即可在工作表插入数据透视表,并在窗口右侧自动弹出"数据透视表字段列表"任务窗格,在"选择要添加到报表的字段"列表框中选择需要添加的字段即可。

（2）编辑数据透视表

创建数据透视表之后,为了适应分析数据,需要编辑数据透视表。其编辑内容主要包括更改数据的计算类型,筛选数据等。

① 更改数据计算类型。在"数据透视表"字段列表任务窗格中的"数值"列表框中,单击数值类型选择"值字段设置"选项,在弹出的"值字段设置"对话框中的"计算类型"列表框中选择需要的计算类型即可。

② 设置数据透视表样式。Excel 2010为用户提供了浅色、中等深浅、深色3种类型共65种表格样式选择。执行"设计"功能区的"数据透视表样式"分组中选择一种样式即可。

③ 筛选数据。选择数据透视表,在"数据透视表"字段列表任务窗格中,将需要筛选数据的字段名称拖动到"报表筛选"列表框中,此时,在数据透视表上方将显示筛选列标,用户可单击"筛选"按钮对数据进行筛选。此外,用户还可以在"行标签"、"列标签"或"数值"列表框中单击需要筛选的字段名称后面的下三角按钮,在下拉列表中选择"移动到报

表筛选"选项,也可以将该字段设置为可筛选的字段。

26. 工作表的页面设置

在需要打印工作表之前,应正确设置页面格式,这些设置可以通过"页面设置"对话框完成。在"页面布局"功能区的"页面设置"分组中单击"页面设置"右侧下三角对话框启动器按钮,打开如图 5.20 所示的"页面设置"对话框。

图 5.20　页面设置对话框

① 设置页面。在"页面"选项卡内,可以选择横向或纵向打印,缩小或放大工作簿,或强制它适合于特定的页面大小以及起始页码等。

② 设置页边距。在"页边距"选项卡内,设置工作表上、下、左、右 4 个边界的大小,还可设置水平居中方式和垂直居中方式。

③ 设置页眉页脚。在"页眉页脚"选项卡内,可设置页眉和页脚,还可以通过任意勾选其中的复选框对页眉页脚的显示格式进行设置。

④ 设置工作表。在"工作表"选项卡内,可以对打印区域、打印标题、打印效果及打印顺序进行设置。

27. 工作表和工作簿的保护

① 保护工作表。用户可通过执行"审阅"功能区的"更改"分组中,选择"保护工作表"命令,在弹出的"保护工作表"对话框中选中所需保护的选项,并输入保护密码。

② 保护工作簿。通过为文件添加保护密码的方法,来保护工作簿文件。用户只需执行"文件"功能区的"另存为"命令,在弹出的"另存为"对话框中单击"工具"下拉按钮,选择"常规选项",并输入打开权限与修改权限密码。

实验十一　Excel 操作案例

一、实验目的

　　1. 掌握工作表的基本操作及工作表中数据的格式化操作
　　2. 掌握公式和函数的计算
　　3. 掌握数据的排序、筛选、分类汇总
　　4. 掌握图表的制作方法

二、实验内容与步骤

1. 从外部文件中获取表格数据

　　将实验素材中"学生成绩表. txt"文件中的数据转换为 Excel 工作表，要求数据自第一行第一列开始存放。

　　启动 Excel 2012，单击"文件"菜单中的"打开"选项，在打开对话框中选择实验素材路径，在右下角选项中选择"所有文件"，选择"学生成绩表. txt"文件，单击"打开"按钮，如图 5.21 所示。

图 5.21　打开文本文件

　　在出现的"文本导入向导-第 1 步，共 3 步"对话框中，使用默认项"分隔符号"，如图 5.22 所示，单击"下一步"按钮。

　　在出现的"文本导入向导-第 2 步，共 3 步"对话框中，在分隔符号中选择"Tab 键"（默认选项），如图 5.23 所示，单击"下一步"按钮。

图 5.22　文本导入向导之一

图 5.23　文本导入向导之二

在出现的"文本导入向导-第 3 步,共 3 步"对话框中,在"列数据格式"中选择"常规"(默认选项),如图 5.24 所示,单击"完成"按钮。

图 5.24　文本导入向导之三

这样就在 Excel 中创建了一个以文件名命名的工作表"学生成绩表",如图 5.25 所示。

图 5.25　完成文本文件导入

数据库文件的导入与文本文件类似,对于 Word 文件中的表格,可以使用"复制"、"粘贴"的方法粘贴到 Excel 表格中。

2.　工作表重命名

将工作表"学生成绩表"重命名为"学生成绩分析"。

方法一:在工作表"学生成绩表"的名称上双击,呈反白显示时,输入"学生成绩分析",按【Enter】键完成重命名。

方法二:右击工作表"学生成绩表"的表名,在弹出的菜单中选择"重命名",名称呈反白显示时,输入"学生成绩分析",按【Enter】键完成重命名。

3.　在工作表中插入或删除行、列

在工作表"学生成绩表"的第一行之前插入一行。

选定工作表"学生成绩表"的第一行,单击"开始"功能区,再单击"单元格"组中的"插入"按钮,选择"插入工作表行"命令即可。如图 5.26 所示。也可以右击行号,在弹出菜单中单击"插入"选项完成行的插入。对于列的插入操作与行操作类似。

如需要删除行或列,则先选定待删除的行或列,单击"开始"功能区,再单击"单元格"组中的"删除"按钮,选择"删除工作表行"命令即可。也可以使用右键菜单进行删除。

图 5.26　插入行命令

4. 标题设置

在 A1 单元格中加标题"学生成绩分析",设置标题字体格式为楷体、20 号、蓝色,在 A1:F1 范围合并列居中,表中其他字体均为黑体、14 号字,水平居中,垂直居中。

单击 A1 单元格,输入"学生成绩分析"。选中 A1 单元格,单击"开始"功能区,再单击"单元格"组中的"格式"按钮,选择"设置单元格格式"命令,在"设置单元格格式"对话框中,单击"字体"选项卡,设置字体为楷体,字号为 20,颜色为"标准色"中的蓝色,如图 5.27 所示。单击该对话框上的"确定"按钮,使设置生效。

图 5.27　单元格字体设置

选中 A1:F1 单元格区域,单击"开始"功能区,再单击"单元格"组中的"格式"按钮,选择"设置单元格格式"命令,在"设置单元格格式"对话框中,单击"对齐"选项卡,在文本控制中单击"合并单元格",使其前面的方格中有"√"标记。再在文本对齐方式中将水平及垂直对齐都设为居中,如图 5.28 所示。单击该对话框上的"确定"按钮,使设置生效。在"对齐"选项卡中也可以在水平对齐方式中设置"跨列居中",但是请注意"跨列居中"和"合并居中"是不同的居中方式。

选中 A2:F15 单元格区域,单击"开始"功能区,再单击"单元格"组中的"格式"按钮,选择"设置单元格格式"命令,在"设置单元格格式"对话框中,单击"字体"选项卡,设置字体为黑体,字号为 14,再单击"对齐"选项卡,在文本对齐方式中水平及垂直都设为居中。

图 5.28　设置单元格对齐方式

5. 设置单元格的行高、列宽

设置 A2:F15 单元格区域行高为 20、列宽为 12。

选定 A2:F15 单元格区域,选择"开始"功能区,再单击"单元格"组中的"格式"按钮,选择"行高"命令。在"行高"对话框中的行高设置中输入 20,单击该对话框上的"确定"按钮,使设置生效。选定 A2:F15 单元格区域,选择"开始"功能区,再单击"单元格"组中的"格式"按钮,选择"列宽"命令。在"列宽"对话框中的列宽设置中输入 12,单击该对话框上的"确定"按钮,使设置生效。

6. 利用公式计算

在"学生成绩分析"工作表的 G2 单元格中输入"平均成绩",利用公式在 G3:G15 单元格中计算每个学生的平均成绩,结果保留一位小数。

方法一:单击 G2 单元格,输入"平均成绩"。再单击 G3 单元格,单击"开始"功能区,单击"编辑"组中的"∑自动求和"按钮,选择平均值,然后选中单元格区域 D3:F3,则 G3 单元格显示公式"=AVERAGE(D3:F3)"按【Enter】键,即可完成公式输入。

　　方法二：选中 G3 单元格，输入"＝"，编辑栏左边的名称框变成函数框，在函数框中选择"AVERAGE"，弹出"函数参数"对话框。在对话框中删除"Number1"框原有的数据，然后选择单元格区域 D3：F3。如图 5.29 所示。最后单击"确定"按钮。

图 5.29　选择函数计算区域

　　其余单元格中的公式可以利用"填充柄"复制 G3 单元格中的公式。单击 G3 单元格，鼠标移至 G3 单元格的右下角，当鼠标指针由空心"＋"字变为实心"＋"字时，按住左键拖动鼠标至 G15 单元格，松开左键，完成单元格填充。

　　选中 G3：G15 单元格区域，单击"开始"功能区，再单击"单元格"组中的"格式"按钮，选择"设置单元格格式"命令，在"设置单元格格式"对话框中，单击"数字"选项卡中，分类中选"数值"，小数位数中设置为 1，如图 5.30 所示，单击该对话框上的"确定"按钮，使设置生效。

图 5.30　设置单元格数据类型

　　其他的数字格式也可在"数字"选项卡中进行设置，如百分比、日期、文本等。

7. 复制、移动工作表

复制"学生成绩分析"工作表,将复制的副本放在"学生成绩分析"表之后,重命名为"学生成绩分析副本"。

方法一:选定"学生成绩分析"工作表,按住【Ctrl】键,在"学生成绩分析"工作表名称上按下鼠标左键,拖动鼠标到"学生成绩分析"工作表之后,松开鼠标左键完成工作表的复制。

方法二:选定"学生成绩分析"工作表,在表名上右击,在快捷菜单中选定"移动或复制",在出现的"移动或复制工作表"对话框中,选定复制的位置"移至最后",放在"学生成绩分析"表之后,在下面的"建立副本"前的方框中单击,使其中有"√"标记出现,如图 5.31 所示。单击"确定"按钮,完成复制。

图 5.31 移动或复制工作表

将"学生成绩分析(2)"工作表重命名为"学生成绩分析副本"。

8. 保存工作表

单击"文件"菜单,选择"另存为"命令,再弹出的"另存为"对话框中,输入文件名:"学生成绩表",保存类型选择"Excel 工作簿",单击"保存"按钮,即可完成工作簿的保存。如图 5.32 所示。

图 5.32 保存工作簿

9. 排序

在"学生成绩分析"工作表中,将学生平均成绩按专业、性别从高到低进行降序排列。

单击"学生成绩分析"工作表,将光标定位在数据清单区域,选择"开始"功能区,再单击"编辑"组中的"排序和筛选"下拉按钮,选择"自定义排序"命令,在弹出的排序对话框中,在"主要关键字"下拉列表框中选择"专业",在"次序"下拉列表框中,选择"降序"命令。单击"添加条件"按钮,在"次要关键字"下拉列表框中选择"性别",在"次序"下拉列表框中,选择"降序"命令。如图 5.33 所示。单击该对话框上的"确定"按钮,完成排序。排序后的结果如图 5.34 所示。

图 5.33　排序

图 5.34　排序结果

10. 自动筛选

在"学生成绩分析副本"工作表中,利用自动筛选功能筛选出所有平均成绩在 80 分以上(包括 80 分)的男生。

单击"学生成绩分析"工作表,将光标定位在数据清单区域,选择"开始"功能区,再单击"编辑"组中的"排序和筛选"下拉按钮,选择"筛选"命令,则在每一列的列标题(字段名)右边会出现一个下拉按钮,单击"性别"字段右侧的下拉按钮,勾选"男"选项,单击"确定"。如图 5.35 所示。

A	B	C	D	E	F	G
			学生成绩分析			
专业 ▽	姓名 ▽	性别 ▽	有机 ▽	英语 ▽	计算机 ▽	平均成 ▽
升序(S)			78	82	89	83.0
降序(O)			54	78	85	72.3
按颜色排序(T)		▷	78	88	81	82.3
从 "性别" 中清除筛选(C)			65	78	89	77.3
按颜色筛选(I)		▷	72	83	68	74.3
文本筛选(F)		▷	79	67	64	70.0
搜索 🔍			88	55	87	76.7
☑(全选)			58	73	90	73.7
☑男			88	89	90	89.0
☐女			88	90	72	83.3
			52	68	78	66.0
			89	90	92	90.3
确定　取消			92	87	90	89.7

图 5.35　自动筛选

单击"平均成绩"字段右侧的下拉按钮,选择"数字筛选",选择"大于或等于"命令,弹出"自定义自动筛选"方式对话框,在右边的文本框中,输入"80",如图 5.36 所示。

图 5.36　自定义筛选条件

单击该对话框上的"确定"按钮,结果如图 5.37 所示。

专业	姓名	性别	有机	英语	计算机	平均成
			学生成绩分析			
临床	李明	男	78	82	89	83.0
卫检	陈刚	男	78	88	81	82.3
预防	孙成	男	88	89	90	89.0
临床	周宇	男	89	90	92	90.3

图 5.37　筛选结果

如果要取消自动筛选的结果,可以再次单击选择"开始"功能区,单击"编辑"组中的"排序和筛选"下拉按钮,单击"筛选"命令。

11. 分类汇总

在"学生成绩分析"工作表中按专业分类汇总平均成绩的平均值,汇总结果放在数据的下方。

在进行分类汇总之前,必须先对汇总项进行排序,所以先要对"学生成绩分析"工作表中的"专业"进行排序。

选择"数据"功能区,单击"分级显示"组中的"分类汇总"按钮,弹出"分类汇总"对话框,在"分类字段"下拉列表框中选择"专业",在"汇总方式"下拉列表框中选择"平均值"选项,在"选定汇总项"下拉列表框中确保只有"平均成绩"复选框被选中。选中"汇总结果显示在数据下方"选项,取消勾选"替换当前分类汇总",如图 5.38 所示,单击"确定"按钮。

图 5.38　分类汇总对话框

分类汇总得到的结果如图 5.39 所示。在工作表的左侧用竖线连接的上面标有数字 1、2、3 的小按钮,是控制明细数据行的显示及隐藏的,它们称为分级显示符号。单击它们即可显示或隐藏明细数据行。

如果要取消分类汇总,只需要在如图 5.38 所示的对话框中单击"全部删除"按钮即可。

图 5.39　分类汇总结果

12. 制作图表

　　根据"学生成绩分析"工作表的汇总数据选择专业和平均成绩(不包含总计行),生成一张"三维堆积柱形图",嵌入到当前工作表中,图表标题为"各专业学生平均成绩汇总比较"。主要横坐标标题为"专业",数据标签包含值,图例靠左。设置水平(类别)轴的字号为8。

　　在"学生成绩分析"工作表中,单击分级显示符号的"2"按钮,使汇总结果只显示各专业的平均值。选定 A2:A19 单元格区域,按下【Ctrl】键,选择 G2:G19 单元格区域。如图5.40 所示。

图 5.40　选择图表数据区域

单击"插入"功能区,单击"图表"组中的"柱形图"按钮,选择"三维堆积柱形图"得到如图 5.41 所示的图表。

图 5.41　三维堆积柱形图

单击图表上方标题"平均成绩",把文字更改为"各专业学生平均成绩汇总比较"。如图 5.42 所示。

图 5.42　图表标题设置

选中图表,选择"布局"功能区,单击"标签"组中的"坐标轴标题"按钮,选择"主要横坐标标题""坐标轴下方标题",则在横坐标下方出现"坐标轴标题"字样,把文字更改为"专业"。

选中图表,选择"布局"功能区,单击"标签"组中的"数据标签"按钮,选择"其他数据标签选项"。打开"设置数据标签格式"对话框,单击标签选项,将"标签包括"下的"值"前的复选框勾号选中。如图 5.43 所示。

图 5.43　数据标签格式

选中图表,选择"布局"功能区,单击"标签"组中的"图例"按钮,选择"在左侧显示图例"。如图 5.44 所示。

图 5.44　设置图表图例

选中图表中的水平(类别)轴,右键单击,在弹出的快捷功能区中将字号设置为 8,如图 5.45 所示。

图 5.45 水平轴字号设置

13. 将图表以"增强型图元"文件方式粘贴到 Word 中

右击图表,在弹出的菜单中选择"复制",打开 Word,新建一个空白文档,将光标定位在相应位置上,单击"开始"功能区,再单击"剪贴板"组中的"粘贴",选择"选择性粘贴",在"选择性粘贴"对话框中,选择"图片(增强型图元文件)",如图 5.46 所示。单击"确定"按钮,完成粘贴。保存 Word 文档为"图表.docx"

图 5.46 选择性粘贴图片

保存工作簿"学生成绩表.xlsx"。

☞章节练习

1. 打开"Excellx_1.xlsx"文件,做以下操作。

(1)在药品库存工作表中,在 A1 单元格输入表格标题"某医院 2010 年药品表",标题在 A1:I1 区域居中显示。

(2)设置标题字体格式:字体为华文仿宋,字号 20,加粗,紫色。设置标题行行高为 30。

（3）使用 Excel 的自动填充功能添加药品编码，从 00001 开始，前置 0 要保留。

（4）设置 A2：I17 区域单元格字体格式为黑色，楷体，10 号，水平居中对齐，细田字边框线，适合的列宽（自动调整列宽）。

（5）设置"单价"、"金额"区域单元格为货币格式，货币格式为"￥"，保留 2 位小数。使用公式求出各药品的库存金额（库存金额＝单价＊库存量），并填入相应单元格中。在 A18 单元格输入"合计"，A19 单元格输入"平均"，使用函数求出所有药品库存金额的合计及平均值，分别填入 I18 单元格及 I19 单元格。

（6）在"单价"＞100 的药品名称单元格处添批注，内容为"贵重药品"。

（7）把单价大于或等于 100 的用红色加粗显示，小于 10 元的用绿色、倾斜表示。

（8）把药品库存工作表中药品类型为"片剂"的记录复制到 sheet1 中，自 A1 单元格开始存放，并把 Sheet1 更名为"片剂表"。

（9）保存工作簿。文件名：Excellx_1_done. xlsx。存放在当前目录下。

2. 打开"Excellx_2. xlsx"文件，做以下操作。

（1）复制工作表"药品库存表"到工作表"药品库存金额表"中。

（2）在"药品库存金额表"中，第二列增加一列，命名为"完整药品编码"。使用 if 函数对"完整药品编码"字段进行填充，规则是药品编码字段前加上该药品类型的前两个汉字的拼音首字母，例如药品类型是片剂，则在该药品编码前加"PJ"，胶囊则加上"JN"等。

（3）在 H20 单元格中，使用 max 函数求出最高药品单价。在 G21 单元格，输入"单价大于 100 元的药品个数"，在 H21 单元格，利用函数统计单价大于 100 元的药品个数。在 C25：C28 单元格，分别输入"片剂药品数""针剂药品数""本院制剂药品数""胶囊剂药品数"在 D25：D28 单元格，利用函数统计出每种药品类型的药品个数。

（4）利用"药品库存表"中的药品名称和单价，创建一个簇状柱形图，标题为"药品单价比较"，位于图表上方，图例项为"单价"，在右侧显示，设置图表区填充颜色为"渐变"、"从左下到右上"。图表放在"柱形图"工作表中。

（5）利用"药品库存表"中的药品名称和库存金额，创建一个三维饼图，标题为"药品库存金额"，位于图表上方；图例项为"药品名称"，在底部显示，添加数据标签（放置于最佳位置）；图表区填充效果为深色木质纹理。放置于一个新工作表中"库存金额饼图"。

（6）把"药品库存表"中数据复制到"折线图"表中，使用"药品库存表"中的药品名称、库存量绘制药品库存量折线图，标题为"药品库存量图"，图例为库存量，靠右显示，横坐标标题为"药品名称"，纵坐标标题为"库存量"，显示数据标签值，位置在数据标签外。

（7）保存工作簿。文件名：Excellx_2_done. xlsx。存放在当前目录下。

3. 打开"Excellx_3. xlsx"文件，做以下操作。

（1）在"挂号表"中用 if 函数在相应的单元格中填写挂号单价，规则为职称为"主任医师"挂号单价为"7.5"，"副主任医师"挂号单价为"5.5"，其余为 3.5；用公式或函数求出挂号金额，填入相应单元格；在 A1 单元格添加标题"医师挂号记录表"，设置标题字体格式：华文行楷，18 磅，加粗，橄榄色，强调文字颜色 3，深色 50％，标题在 A1：G1 区域居中显示，设置 A2：G21 的区域为外框线最粗实线，内框线最细实线，数据水平居中对齐，适合的列宽。

（2）将"挂号表"的数据复制到"排序表"，在排序表中按职称升序、挂号人次降序排列数据。

（3）将"挂号表"的数据复制到"筛选表"，在"筛选表"中自动筛选出挂号金额前 5 位的记录。

（4）将"挂号表"的数据复制到"高级筛选"表，在"高级筛选"中筛选出"科室"＝内科、"职称"＝副主任医师、"挂号人次"＞＝12000 的记录，在 A29 单元格存放。

（5）将"挂号表"的数据复制到"分类汇总"表中，对各科室的挂号人次和挂号金额进行分类汇总，汇总方式为求和。

（6）将"挂号表"的数据复制到"数据透视表"中，在此工作表中创建数据透视表对各科室的每个职称的挂号人次及挂号金额的汇总统计。数据透视表在 A25 单元格存放。

（7）在"挂号表"中使用 RANK 函数，对挂号表中的每个医师挂号人次情况进行统计，并将排名结果保存到表中的"挂号名次"列当中。

（8）保存工作簿。文件名：Excellx_3_done. xlsx。存放在当前目录下。

第 6 章 PowerPoint 演示文稿软件的使用

实验十二 PowerPoint 演示文稿软件基本操作

一、实验目的

1. 掌握 PowerPoint2010 的创建、保存及打开等基本操作方法
2. 掌握输入文本和编辑文本的方法
3. 掌握插入表格的方法
4. 掌握艺术字、图片、SmartArt 图形的使用
5. 掌握幻灯片的动画设计、演示文稿的放映

二、实验内容与步骤

1. 启动 PowerPoint 2010

在 Window7 环境下的任务栏中单击"开始"按钮 ，单击"所有程序"中的"Microsoft Office"，再单击"Microsoft PowerPoint 2010"图标。启动后显示如图 6.1 所示的应用程序窗口。

图 6.1 PowerPoint 2010 窗口组成

启动打开 PowerPoint 2010 窗口时,系统将自动创建一个新的空白演示文稿,用户可以在其中输入文本、插入图片、设置动画等。

2. PowerPoint 2010 的窗口组成

PowerPoint 2010 窗口组成与其他 Microsoft Office 2010 组件类似,由标题栏、菜单栏、功能区、状态栏、幻灯片编辑区、幻灯片或大纲窗格、备注窗格、视图功能切换按钮等组成,如图 6.1 所示。

在标题栏左侧是"快速启动工具栏"，单击其中 ▼ 按钮,用户可决定工具栏中应包含哪些按钮。标题栏的右侧是 PowerPoint 窗口控制按钮栏 ，从左至右依次是"最小化"、"最大化"(或"还原")和"关闭"按钮。功能选项卡列表的右侧,排列了"功能区最小化"和"帮助"按钮 。

3. 保存和打开演示文稿

(1) 保存演示文稿

用户在 PowerPoint 窗口编辑了演示文稿中文档后,可以通过如下方法之一对其执行保存操作。

① 单击标题栏左上角"快速访问工具栏"中的"保存"按钮,若是第一次保存,会出现"另存为"对话框,如图 6.2 所示。单击"保存位置"栏的下拉按钮,选择要保存文件的位置;在"文件名"处输入要保存文件的名字,保存类型默认为".pptx",单击"保存"按钮,即可以完成保存。

图 6.2　另存为对话框

② 选择"文件"下拉菜单中的"保存"选项,若是第一次保存,也会出现图 6.2 所示的"另存为"对话框,只要确定文件路径和文件名,再单击"保存"按钮即可。

③ 选择"文件"下拉菜单中的"另存为"选项,弹出"另存为"对话框。然后选择"保存位置",输入"文件名",可以实现对已经存在的演示文稿按新的位置和新的名称进行保存。

（2）打开演示文稿

对于已经保存的演示文稿，若要编辑或放映，需要先打开它。方法有以下几种：

① 双击要打开的演示文稿文件（.pptx 格式）。

② 在"文件"菜单下，单击"打开"按钮，在弹出的"打开"对话框中选择要打开的文件。

4. 编辑幻灯片中的基本信息

（1）向幻灯片中添加文本

单击想要输入文本的位置，出现闪动的插入点后，直接输入文本内容即可。如果需要在其他位置输入文本，需要在"开始"功能区的"绘图"分组中，单击工具栏中的"文本框"按钮，将指针移动到合适位置，按鼠标左键拖拽出大小合适的文本框，然后在该文本框中输入所需要的信息。

（2）插入与删除文本

① 插入文本。单击插入位置，输入要插入的文本。新文本将插入当前插入点的位置。

② 删除文本。用鼠标选中要删除的文本，按下键盘上的 Delete 键，即可删除文本。

（3）移动（复制）文本

选择要移动（复制）文本框中的文字，此时文本框四周会出现 8 个控制点，将指针移动到边框上，当指针成十字箭头时（按住 Ctrl 键）将之拖拽到目标位置。

（4）设置文字和段落格式

PowerPoint 2010 中文字和段落格式的设置与 Word 2010、Excel 2010 相似，通过"开始"选项卡中提供的工具，如图 6.3 所示，进行基本字体格式设置，或者通过单击"字体"组右下角的 按钮，弹出如图 6.4 对话框，通过其中"字体"及"字符间距"选项卡中提供的功能进行设置。

图 6.3   "开始"选项卡"字体"和"段落"组

图 6.4   "字体"设置对话框

幻灯片中段落格式设置可以通过"开始"选项卡的"段落"组提供的一些常用段落设置工具,如图 6.3 所示,进行基本段落格式设置。如,项目符号与编号、对齐方式、行距调整等。若需要更多的段落格式设置,可单击"段落"组右下角的 ⌐ 按钮,弹出如图 6.5 对话框,通过其中"缩进和间距"及"中文版式"选项卡中提供的功能进行设置。

图 6.5　"段落"设置对话框

5. 添加、删除、复制、移动幻灯片

（1）插入新幻灯片

① 在当前幻灯片位置插入一张幻灯片,新幻灯片将插在该幻灯片之后。

② 在"开始"选项卡的"幻灯片"分组中,单击"新建幻灯片"下拉按钮,选择合适的版式。

（2）删除幻灯片

定位到要删除的幻灯片,按下键盘上的 Delete 键,即可删除幻灯片。

（3）复制幻灯片

选择幻灯片,在"开始"选项卡的"幻灯片"分组中,单击"新建幻灯片"下拉按钮,选择"复制所选幻灯片"选项,插入一张与之前幻灯片相同的幻灯片,新幻灯片将插在该幻灯片之后。

6. 演示文稿的视图

PowerPoint 2010 提供多种不同显示演示文稿的方式,这些显示演示文稿的不同方式称为视图。切换视图的方法有两种,一种是打开"视图"选项卡,如图 6.6 所示,从中选择所需视图;另一种是通过窗口右下角的 3 个视图按钮进行不同视图的切换。

图 6.6　视图选项卡

（1）普通视图

幻灯片普通视图包含 3 种窗格：大纲窗格、幻灯片窗格和备注窗格。在大纲窗格中，可以组织和构架演示文稿的大纲，组织幻灯片各项的层次和调整幻灯片的顺序；在幻灯片窗格中，可以查看每张幻灯片中的文本外观与编辑幻灯片内容；在备注窗格中可以添加演讲者的备注，如图 6.7 所示。

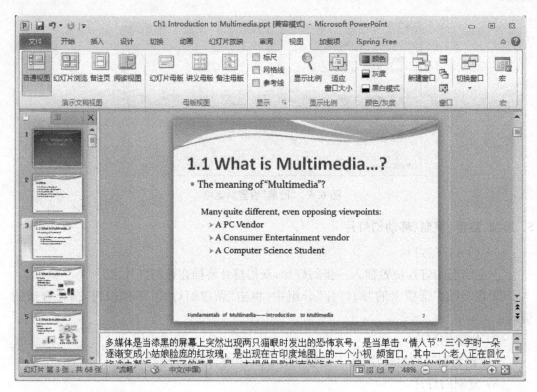

图 6.7　普通视图界面

（2）幻灯片浏览视图

幻灯片浏览视图下，按幻灯片序号的顺序显示演示文稿中全部幻灯片缩略图，可以复制、删除幻灯片，调整幻灯片顺序，但不能对个别幻灯片的内容进行编辑、修改，如图 6.8 所示。

图 6.8　浏览视图界面

（3）备注视图

此视图模式用来建立、编辑和显示演示者对每一张幻灯片的备注，如图 6.9 所示。

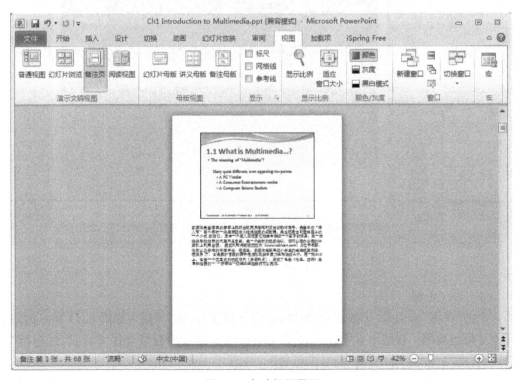

图 6.9　备注视图界面

（4）阅读视图

阅读视图用来动态播放演示文稿的全部幻灯片。在此视图下，可以查看每一张幻灯片的播放效果。要切换幻灯片，可以直接单击屏幕，也可以按【Enter】键。

7. 演示文稿的母版

PowerPoint 2010 中有一类特殊的幻灯片，称为母版。母版有幻灯片母版、讲义母版和备注母版三种。它们是存储有关演示文稿的信息的主要幻灯片，其中包括幻灯片背景、字体、颜色、效果等。一个演示文稿中至少包含有一个幻灯片母版。使用母版视图的优点在于，用户可以通过幻灯片母版、讲义母版和备注母版对与演示文稿关联的每个幻灯片、讲义和备注页的样式进行全局更改。

（1）幻灯片母版

单击"视图"选项卡"母版视图"组中的"幻灯片母版"按钮，进入如图 6.10 所示的"幻灯片母版"视图。单击"幻灯片母版"选项卡功能区最右侧的"关闭母版视图"按钮，可以返回原视图状态。

图 6.10　编辑幻灯片母版

（2）讲义母版

单击"视图"选项卡"母版视图"组中的"讲义母版"按钮，可进入如图 6.11 所示的幻灯片讲义母版视图。视图中显示了每页讲义中排列幻灯片的数量及排列方式，还包括"页眉"、"页脚"、"页码"和"日期"的显示位置。

进入讲义母版后，可在"讲义母版"选项卡中设置打印页面，讲义的打印方向，幻灯片排列方向,每页包含的幻灯片数量,以及是否使用页眉、页脚、页码和日期。单击"讲义母版"选项卡功能区最右侧"关闭母版视图"按钮,可返回原视图状态。

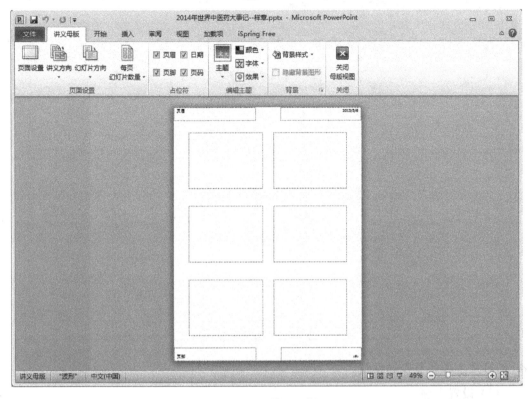

图 6.11　讲义母版

（3）备注母版

单击"视图"选项卡"母版视图"组中的"备注母版"按钮,可进入如图 6.12 所示的备注母版视图。在备注视图下,用户可完成页面设置,占位符设置等任务。单击选项卡功能区最右侧的"关闭母版视图"按钮,可返回原视图状态。

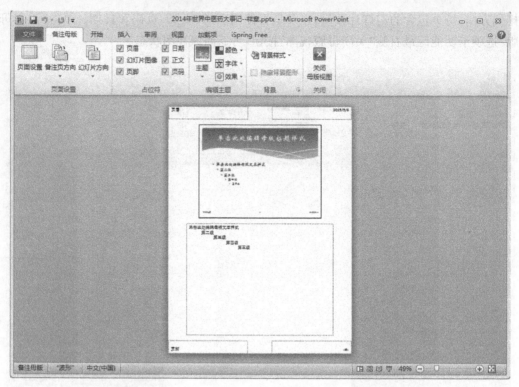

图 6.12 备注母版

8. 幻灯片主题和背景的设置

（1）设置主题

在"设计"选项卡"主题"分组中，可以为幻灯片选择相应的主题进行设置。单击该分组中"颜色"、"字体"、"效果"下拉按钮，出现"主题颜色"、"主题字体"和"主题效果"列表，可在列表中选择合适的方案进行设计，如图 6.13 所示。

图 6.13 幻灯片主题

　　在"设计"选项卡"主题"分组中,单击"颜色"、"字体"、"效果"下拉按钮,选择"新建主题颜色"("新建主题字体")选项,弹出"新建主题颜色"("新建主题字体")对话框,如图 6.14、6.15 所示,可以根据需要进行相应设计。

图 6.14　新建主题颜色

图 6.15　新建主题字体

（2）设置背景

　　幻灯片背景是幻灯片中一个重要组成部分,改变幻灯片背景可以使幻灯片整体面貌发生变化,较大程度地改善放映效果。可以在 PowerPoint 2010 中对幻灯片背景的颜色、过渡、纹理、图案及背景图像等进行设置。

　　在"设计"选项卡的"背景"分组中,单击"背景样式"右侧的下三角对话框启动按钮,选择"设置背景格式"选项,弹出"设置背景格式对话框",如图 6.16 所示。

图 6.16　设置背景颜色

① 改变背景颜色。在"填充"标签项下,选中"纯色填充"单选按钮,在"颜色"下拉列表中选择需要使用的背景颜色,如图 6.17 所示。如果没有合适的颜色,可以单击"其他颜色",在弹出的"颜色"对话框中设置。选择好颜色后,单击"确定"按钮。设置完成后,返回"设置背景格式"对话框,单击"关闭"或"全部应用"按钮完成背景颜色设置的操作。"关闭"和"全部应用"的主要区别在于:"关闭"是将颜色的设置用于当前幻灯片,"全部应用"是将颜色的设置用于该演示文稿的所有幻灯片。

图 6.17　颜色设置对话框

② 改变背景的其他设置。幻灯片背景设置除了可以进行纯色填充外,还可以实现"渐变填充"、"图案或纹理填充"和"图案填充",选择相应的功能按钮,可以进行不同背景的设置。

9. 在幻灯片使用对象

（1）使用对象占位符插入对象

当一张新幻灯片以某种板式被添加到当前演示文稿中,可以看到多数板式中都包含有如图 6.18 所示的"对象占位区",单击其中某个图标,系统将引导用户将所选的对象插入到当前幻灯片中。

图 6.18　"标题和内容"版式中的对象占位符

（2）绘制基本图形

在"插入"选项卡的"插图"分组中，单击"形状"下拉选项按钮，选择需要绘制的对象按钮，鼠标指针呈十字形，将鼠标指针移动到幻灯片的合适位置，即可绘制出相应的对象。如果需要向图形中添加文本时，可以用鼠标右键单击图像，在弹出的快捷菜单中选择"编辑文本"命令后可输入文本内容。

（3）插入图片

在"插入"选下卡的"图像"分组中，单击"图片"按钮，弹出"插入图片"对话框，在"查找范围"栏中选择目标图片存储的位置，并在缩略图中选中需要的图片，然后单击"插入"按钮即可。

图片插入成功以后，可以对图像格式进行设置。选择需要设置的图片，右键点击图片，在弹出的快捷菜单中选择"设置图片格式"，弹出"设置图片格式"对话框，如图 6.19 所示。在此对话框中可以进行图片大小、位置、艺术效果等图片格式设置。

图 6.19　图片格式设置对话框

（4）插入表格

在"插入"选项卡的"表格"分组中，单击"表格"下拉按钮，选择"插入表格"选项，出现"插入表格"对话框，在"行数"、"列数"框中输入表格的行数和列数，如图 6.20 所示。单击"确定"按钮，出现一个表格，拖拽表格控点，可以调整表格的大小。

图 6.20　插入表格

（5）插入艺术字

在"插入"选项卡的"文本"分组中，单击"艺术字"下拉按钮，出现"艺术字字库"，如图 6.21 所示。

图 6.21　艺术字字库

在"艺术字字库"中单击一种艺术字样式,出现编辑艺术字文字文本框,如图 6.22 所示。用户可以在该文本框中输入文本,还可以进行字体、字号和字形的设置。

图 6.22　艺术字编辑文本框

艺术字创建成功后,如果效果不好,还可以进行大小、颜色、形状以及缩放、旋转等修饰处理。

(6) 使用 SmartArt 图形

SmartArt 图形是 Office 2007 及以上版本提供的一个新功能,它包含了一些模板,例如列表、流程图、组织结构图或关系图等,使用 SmartArt 图形可简化创建复杂形状的过程。

在"插入"选项卡的"绘图"组中,单击"SmartArt"按钮,显示如图 6.23 所示的"选择 SmartArt 图形"对话框。该对话框分为三个部分,左侧列出了 SmartArt 图形的分类,中间部分列出了每个分类中具体的 SmartArt 图形样式,右侧显示出了该样式的默认效果、名称及应用范围说明。效果图中的横线表示用户可以输入文本的位置。

图 6.23　SmartArt 图像选择对话框

用户根据需要选择相应的 SmartArt 图形插入成功后，PowerPoint 2010 会自动显示
"SmartArt"工具。该工具包含如图 6.24 和图 6.25 所示的"设计"和"格式"选项卡，其中
包含大量用户设置和修改 SmartArt 图形的工具，用户可以根据需要进行相应格式的
设置。

图 6.24　"设计"选项卡

图 6.25　"格式"选项卡

10. 幻灯片放映设计

（1）为幻灯片中的对象设置动画效果

动画可使演示文稿更具动态效果，最常见的动画效果包括"进入"、"强调"、"退出"和
"动作路径"四种类型，其主要设置方法如下：

① 在普通视图下选择需要设置动画的幻灯片，然后在"动画"选项卡的"高级动画"分
组中，单击"动画窗格"按钮，出现"动画窗格"任务窗格。

② 在幻灯片中选择需要设置动画的对象，然后单击"添加动画"按钮，出现下拉菜单，
其中有"进入"、"强调"、"退出"和"动作路径"四个菜单，如图 6.26 所示。每个菜单均有相
应动画类型命令。

图 6.26　动画类型选择

③ 选择某类型动画，则激活"动画选项卡"中的其他各项设置，如图 6.27 所示。其中"效果选项"按钮用于更加详细的设置动画的表现形式；"触发"按钮，可在弹出的下拉菜单中选择动画开始的特殊条件；"计时"组中，用户可以设置以满足怎样的条件开始显示动画，动画的"持续时间"和"延迟"。

图 6.27　"动画"选项卡

④ 如果希望在动画出现时伴随播放某种声音加以强调，可单击"动画"组右下角的按钮" "，在弹出的对话框中进行选择。

（2）幻灯片切换效果设计

幻灯片的切换效果是指一张幻灯片在屏幕上显示的方式，可以是一组幻灯片设置一种切换方式，也可以是每张幻灯片设置不同的切换方式。

单击 PowerPoint 2010 的"切换"选项卡，显示如图 6.28 所示的用户设置幻灯片切换效果的选项卡功能区。在"切换到此幻灯片"组中单击选择某切换效果后，可将该效果应用于当前选定的幻灯片。如果想把效果应用于全部幻灯片,只要选择"计时"组中的"全部应用按钮"。

图 6.28　"切换"选项功能区

（3）幻灯片放映方式设计

制作好的演示文稿,通过放映幻灯片操作,可将演示文稿展示给观众。幻灯片放映方式主要是设置放映类型、放映范围和切换方式等。图 6.29 是"幻灯片放映"选项卡中提供的各种功能。

图 6.29　"幻灯片放映"选项卡功能区

在"幻灯片放映"选项卡的"设置"分组中,单击"设置幻灯片放映"按钮,弹出"设置放映方式"对话框,如图 6.30 所示。用户可以根据需求进行相应的设置。

图 6.30　"设置放映方式"对话框

实验十三　PowerPoint 操作案例

一、实验目的

1. 熟练掌握创建和编辑幻灯片
2. 熟练掌握在幻灯片中使用对象

3. 熟练掌握超链接及动画技术

4. 熟练掌握演示文稿的放映

二、实验内容与步骤

启动 PowerPoint，打开实验素材中的"2014 年世界中医药大事记.pptx"文件。

1. 幻灯片主题设置

将所有幻灯片主题设置为"波形"。

选择"设计"选项卡，在"主题"组中选择"波形"主题，如果不知道主题的名字，只需要把鼠标放在相应的主题上，PowerPoint 2010 会显示主题的名称。如图 6.31 所示。

图 6.31　幻灯片主题设置

2. 幻灯片母版设置

利用幻灯片母版修改所有幻灯片的标题样式为楷体、40 号字、加粗。

单击"视图"选项卡，选择"幻灯片母版"选项，进入幻灯片母版设置页面，如图 6.32 所示。

图 6.32　幻灯片母版

在幻灯片母版视图中,选中"单击此处编辑母版标题样式"后,单击鼠标右键,选择"字体"设置,弹出"字体"对话框中,如图 6.33 所示。设置字体为"楷体",字体样式为"加粗",大小为"40",单击确定按钮关闭字体设置对话框。回到"幻灯片母版"选项卡,单击"关闭母版视图",返回幻灯片视图。

图 6.33　母版标题字体样式设置

3. 插入幻灯片

插入标题幻灯片作为第一张幻灯片,标题为"世界中医药大事记",设置其字体格式为:黑体,加粗,48 号字,副标题为"2014 年",设置其字体格式为黑体,加粗,36 号字。

在左侧的幻灯片视图中,将光标定位到第一张幻灯片之前。单击"开始"选项卡,选择"新建幻灯片",在弹出窗口中,选择"标题幻灯片",如图 6.34 所示。

图 6.34　添加标题幻灯片

在标题中输入"世界中医药大事记",选中标题,单击"开始"选项卡,在"字体"设置组中设置字体为"黑体",字体样式为"加粗",大小为"48"。在副标题中输入"2014 年",单击"开始"选项卡,在"字体"设置组中设置字体为"黑体",字体样式为"加粗",大小为"36"。

4. 幻灯片切换

设置所有幻灯片的切换方式为"擦除",效果选项为"从右上部",并伴有风铃声。

单击"切换"选项卡,选择切换方式为"擦除",单击"效果选项"选择效果为"从右上部",单击"声音"选项 🔊 声音:[无声音] ，在弹出的下拉框列表中选择声音为"风铃",最后选择"全部应用"按钮 全部应用 ，将所有幻灯片都应用此效果,如图 6.35 所示。

图 6.35　幻灯片切换设置

5. 动作按钮

在最后一张幻灯片的右下角插入一个"第一张"的动作按钮,超链接指向首张幻灯片。

在"幻灯片视图"中,单击最后一张幻灯片。选择"插入"选项卡,单击"形状"按钮,在弹出对话框中选择"动作按钮:第一张",如图 6.36 所示。

图 6.36 添加动作按钮

光标变为"＋"形,在最后一张幻灯片的适当位置,按住左键拖动鼠标,绘制一个"第一张"按钮,弹出"动作设置"对话框,设置超链接到"第一张幻灯片",如图 6.37 所示。单击"确定"按钮完成设置。

图 6.37　设置动作连接目标

6. 设置放映方式

设置幻灯片的放映方式为"演讲者放映（全屏幕）"，并且勾选"循环放映，按 ESC 键终止"。

单击"幻灯片放映"选项卡，选择"设置幻灯片放映"按钮，弹出"幻灯片放映方式"设置对话框，设置幻灯片放映方式为"演讲者放映（全屏幕）"，放映选项为"循环放映，按 ESC 键终止"，如图 6.38 所示。

图 6.38　幻灯片放映方式设置

7. 设置页脚

除了标题幻灯之外，在其他幻灯片中插入页脚"中医药大事"，并设置所有幻灯片显示自动更新的日期（样式为"××××年××月××日"）及幻灯片编号。

单击"插入"选项卡，选择"页眉页脚"按钮，弹出"页眉页脚"设置对话框。单击"日期和时间"前的方框，使框中出现"√"标记，选择"自动更新"单选框，设置日期样式"××××年××月××日"；单击"幻灯片编号"前的方框，使方框中出现"√"标记；单击"页脚"前的方框，使方框中出现"√"标记，并在下方的文本框中输入"中医药大事"；再单击"标题幻灯片中不显示"前的方框，使方框中出现"√"标记，如图6.39所示。最后单击该对话框上的"全部应用"按钮。

图 6.39　页眉页脚设置

8. 制作超链接

为第二张幻灯片中的各中医药大事记建立超链接分别指向相对应的幻灯片。

在幻灯片视图中单击第二张幻灯片，选中文字"2月12日中匈两国签署中医药领域合作意向书"，在选中的文字上右击，在弹出的菜单中选择"超链接"，打开"插入超链接"对话框，在"链接到"中单击"本文档中的位置"，在"请选择文档中的位置"中单击相对应标题的幻灯片，如图6.40所示，单击"确定"按钮。使用同样方式设置其余的五个超链接。

图 6.40　编辑超链接

9. 设置幻灯片背景和填充效果

将第一张幻灯片背景的填充效果设为"渐变填充"，预设颜色为"碧海青天"，类型为"射线"，方向为"从右上角"。

单击"设计"选项卡,单击"背景"组右下角的 ▫ 按钮,弹出"设置背景格式"对话框,在打开的"填充效果"对话框中,选择"渐变填充",预设颜色选择"碧海青天",类型为"射线",方向为"从右上角",如图6.41所示。设置完成后,点击"关闭"按钮即可。

图 6.41　背景格式设置

10. 设置主题颜色方案

将幻灯片主题颜色方案中超链接的颜色设置为红色。

单击"设计"选项卡,选择"颜色"按钮,在弹出的下拉框中,选择"新建主题颜色",弹出"新建主题颜色"对话框,单击"超链接"后的方框,在弹出的对话框中设置颜色为"红色",如图 6.42 所示。

图 6.42　设置超链接颜色

设置完成后,单击"保存"按钮。查看第二张幻灯片,则其中的超链接的颜色都变为了红色,如图 6.43 所示。

图 6.43　超链接颜色设置结果

11. 设置动画效果

为第六张幻灯片的图片设置动画,单击鼠标时自左下部飞入,并伴有鼓掌的声音。

在幻灯片视图中单击第六张幻灯片,选中幻灯片中的图片,单击"动画"选项卡,设置动画为"飞入",单击"效果选项"选择效果为"自左下部"。单击"高级动画"组中的"动画窗格"按钮,在幻灯片编辑区右侧弹出"动画窗格"窗口,如图 6.44 所示。

在动画窗格中单击已经设置的动画对象"图片 3",在弹出的快捷菜单中选择"效果选项",在打开的效果选项对话框中,单击"效果"选项卡,在"声音"中选择"鼓掌",如图 6.45 所示。单击"确定"按钮。

图 6.44　动画设置

图 6.45　"飞入"效果设置

12. 插入文本框并设置格式

在第六张幻灯片左边插入横排文本框,输入内容"实验室中的东西方交融(East Meets West in the Lab)",设置字体格式为楷体,28 号。

在幻灯片中选中第六张幻灯片,单击"插入"选项卡中的"文本框"选项,在弹出的对话框中选择"横排文本框"选项,鼠标变为"+"字形后,在第六张幻灯片的左侧适当位置绘制一个横排文本框,输入文字"实验室中的东西方交融(East Meets West in the Lab)"。选中文字"实验室中的东西方交融(East Meets West in the Lab)",单击鼠标右键,在弹出菜单中选择"字体"选项,在"字体"对话框中,设置字体为楷体,大小为 28 号,如图 6.46 所示。

图 6.46　文本框设置

13. 插入图片并设置格式

在第七张幻灯中插入图片"pic.jpg",将图片缩放为"70%",水平方向距左上角 8 cm,垂直方向距左上角 10 cm。

在幻灯片视图中单击第七张幻灯片,单击"插入"选项卡,选择"图片"按钮,在弹出的对话框中,选择实验素材路径下的图片"pic.jpg"插入。右击图片,在弹出的菜单中选择"设置图片格式",在"设置图片格式"对话框中单击"大小"选项卡,将图片缩放比例中"高度"和"宽度"设置成"70%",如图 6.47 所示。

图 6.47　图片大小设置

再单击"位置"选项卡,在水平中输入 8 厘米,在垂直中输入 10 厘米,度量依据两者都为"左上角",如图 6.48 所示,单击"关闭"按钮。

图 6.48　图片位置设置

14. 插入 SmartArt 图形

将第四张幻灯片的中的文字转换为 SmartArt 图形,格式为"垂直项目符号列表"。

在幻灯片中单击第四张幻灯片,选择幻灯片中文字区域,单击"开始"选项卡,选择"段落"组中的 SmartArt 图标 ，在弹出对话框中选择格式为"垂直项目符号列表",如图 6.49 所示。

图 6.49　SmartArt 图形设置

保存制作完成的演示文稿,并另存为网页。完成后的文稿如图 6.50 所示

图 6.50　结果幻灯片

☞章节练习

1. 打开素材文件夹下的演示文稿 yswg.pptx,按照下列要求完成对文稿的操作并保存,结果如图 6.51 样张所示。

图 6.51　样张

（1）使用"跋涉"主题修饰全文，放映方式为"观众自行浏览"。

（2）在第一张幻灯片前插入版式为"两栏内容"的新幻灯片，标题为"北京市出租车每月每车支出情况"。

（3）将素材文件中的图片文件 ppt1.jpeg 插入到第一张幻灯片右侧内容区，将第二张幻灯片第二段文本移到第一张幻灯片左侧内容区，图片动画设置为"进入"、"十字形扩展"，效果选项为"缩小"，文本动画设置为"进入"、"浮入"，效果选项为"下浮"。

（4）第二张幻灯片的版式改为"垂直排列标题与文本"，标题为"统计样本情况"。第三张幻灯片前插入版式为"标题幻灯片"的新幻灯片，主标题为"北京市出租车驾驶员单车每月支出情况"，副标题为"调查报告"。

（5）第五张幻灯片的版式改为"标题和内容"，标题为"每月每车支出情况表"，内容区插入 13 行 2 列表格，第 1 行第 1、2 列内容依次为"项目"和"支出"，第 13 行第 1 列的内容为"合计"，根据第四张幻灯片内容"根据调查，驾驶员单车支出情况为……每月每车合计支出 12718.72 元"为第五张幻灯片表格填写"项目"与"支出"内容，然后删除第四张幻灯片。前移第三张幻灯片，使之成为第一张幻灯片。

2. 打开素材文件夹下的演示文稿 yswg.pptx，按照下列要求完成对文稿的操作并保存，结果如图 6.52 样张所示。

图 6.52　样张

（1）使用"华丽"主题修饰全文，将全部幻灯片的切换方案设置成"涡流"，效果选项为"自顶部"。

（2）第一张幻灯片前插入版式为"两栏内容"的新幻灯片，将素材文件夹中的 ppt1.jpg 的图片放在第一张幻灯片右侧内容区，将第二张幻灯片的文本移入第一张幻灯片左侧内容区,标题键入"畅想无线城市的生活便捷",文本动画设置为"进入"、"棋盘"、效果选项为"下",图片动画设置为"进入"、"飞入"、"自右下部",动画顺序为先图片后文本。

（3）将第二张幻灯片版式改为"比较",将第三张幻灯片的第二段文本移入第二张幻灯片左侧内容区,将考生文件夹下 ppt2.jpg 的图片放在第二张幻灯片右侧内容区。

（4）将第三张幻灯片版式改为"垂直排列标题与文本"。

（5）将第四张幻灯片的副标题改为"福建无线城市群",在忽略母板的背景图形的情况下,第四张幻灯片的背景设置为"水滴"纹理,使第四张幻灯片成为第一张幻灯片。

3. 打开素材文件夹下的演示文稿 yswg.pptx,按照下列要求完成对文稿的操作并保存,结果如图 6.53 样张所示。

（1）最后一张幻灯片前插入一张版式为"仅标题"的新幻灯片,标题为"领先同行业的技术",插入样式为"填充－蓝色,强调文字颜色 2,暖色粗糙棱台"的艺术字"Maxtor Storage for the world",且文字均居中对齐。将艺术字文字效果为"转换-跟随路径-上弯弧",艺术字宽度为 18 厘米。将该幻灯片向前移动,作为演示文稿的第一张幻灯片,并删除第五张幻灯片。

（2）将最后一张幻灯片的版式更换为"垂直排列标题与文本"。

（3）将第二张幻灯片的内容区文本动画设置为"进入"、"飞入",效果选项为"自右侧"。

（4）第一张幻灯片的背景设置为"花束"纹理,且隐藏背景图形。

（5）全文幻灯片切换方案设置为"棋盘",效果选项为"自顶部"。放映方式为"观众自行浏览"。

图 6.53　样张

4. 打开素材文件夹下的演示文稿 yswg. pptx,按照下列要求完成对文稿的操作并保存,结果如图 6.54 样张所示。

(1) 使用"奥斯丁"主题修饰全文,将全部幻灯片的切换方案设置成"摩天轮",效果选项为"自左侧"。

(2) 将第一张幻灯片版式改为"两栏内容",标题为"电话管理系统",将素材文件夹中的图片文件 ppt1.jpg 插入到第一张幻灯片右侧内容区,左侧文本动画设置为"进入"、"下拉"。

(3) 第三张幻灯片主标题为"普及天下,运筹帷幄",主标题设置"黑体"、字号 60、黄色(RGB 模式:红色 230,绿色 230,蓝色 10),第三张幻灯片移到第一张幻灯片之前。

(4) 第三张幻灯片插入样式为"渐变填充-绿色,强调文字颜色 1"的艺术字"全国公用电话管理系统",文字效果为"转换-弯曲-正三角",使第三张幻灯片成为第二张幻灯片。

图 6.54　样张

5. 打开素材文件夹下的演示文稿 yswg. pptx,按照下列要求完成对文稿的操作并保存,结果如图 6.55 样张所示。

(1) 使用"凤舞九天"主题修饰全文,放映方式为"观众自行浏览"。

(2) 将第四张幻灯片版式改为"两栏内容",将素材文件夹中的图片文件 ppt1.png 插入到第四张幻灯片右侧内容区。

(3) 第一张幻灯片加上标题"计算机功能",图片动画设置为"强调"、"陀螺旋",效果选项的方向为"逆时针"、数量为"完全旋转"。

(4) 将第二张幻灯片移到第一张幻灯片之前,幻灯片版式改为"标题幻灯片",主标题为"计算机系统",字体为"黑体",字号 54,副标题为"计算机的功能与硬件系统组成",字号 28,背景设置渐变填充预设颜色为"雨后初晴",类型为"射线",方向"从左下角"。

　　(5) 第三张幻灯片的版式改为"标题和内容",标题为"计算机硬件系统",将素材文件夹中的图片文件 ppt2. png 插入内容区。使第四张幻灯片成为第二张幻灯片。

图 6.55　样张

第7章 医学多媒体应用

实验十四 医学图像处理

一、实验目的

1. 掌握 Photoshop 的基本操作
2. 掌握套索工具、羽化工具、裁剪的使用方法

二、实验内容与步骤

1. Photoshop 基本图像处理功能

（1）实现变脸的特效

启动 Photoshop，打开实验素材文件夹下的"变脸 1. jpg"、"变脸 2. jpg"两张图片，如图 7.1、7.2 所示。

图 7.1 变脸 1

图 7.2 变脸 2

① 观察两张图片中人物面部的颜色、亮度情况，适当调整"变脸 2"的亮度及高光效果，使之接近于"变脸 1"。激活图片"变脸 2"，单击"图像"→"调整"→"亮度/对比度"，弹出"亮度/对比度"对话框，如图 7.3 所示。对比"变脸 1"中人物面部的亮度情况，调整"变脸 2"的亮度。单击"图像"→"调整"→"曲线"，弹出"曲线"对话框，如图 7.4。调整"变脸

2"的高光效果。

图 7.3　"亮度/对比度"对话框　　　　　　　图 7.4　"曲线"对话框

②　选取"变脸 2"中的人物面部图像。点击工具箱中的"磁性套索工具",沿着人物脸部的轮廓拖动鼠标进行选取,完成后有虚线显示,如图 7.5 所示。按下【Ctrl＋C】键,复制人物脸部图像。激活图片"变脸 1",将选中的脸部图像粘贴到"变脸 1"中,如图 7.6 所示。

图 7.5　选取脸部　　　　　　　　　　　图 7.6　粘贴脸部

③　调整脸部图像的位置、大小以及角度。选中工具箱中的"移动工具",将脸部图像移动到合适位置。单击菜单"编辑"→"自由变换",在脸部图像周围出现一个调整框,按下【Shift】键,用鼠标拖拉调整框的端点,将脸部图像调整到合适大小。将鼠标移动到调整框某一角外侧,当光标变成弯曲箭头时,单击鼠标进行角度调整。最后按【Enter】键完成调整,如图 7.7 所示。

图 7.7　调整脸部

图 7.8　融合边缘

④ 图像边缘融合。选择工具箱的"橡皮工具"擦除衔接部位多余的部分。选择工具箱中的"仿制图章"工具，调整画笔主直径到合适大小，按下【Alt】键，当光标变成图章时单击复制过来的脸部图像的边缘，松开【Alt】键，再次单击衔接的边缘，可将衔接边缘部分与脸部图像融合，如此反复进行。选取工具箱中的"模糊工具"，涂擦脸部图像边缘，使之与底图更加融合；右击选择图层窗口中的"图层 1"，选择"向下合并"，将新的人脸和背景合并，如图 7.8 所示。

⑤ 设置光照效果。单击"滤镜"→"渲染"→"光照效果"，弹出光照效果对话框，进行适当设置，如图 7.9 所示。使得脸部图像相对昏暗，以减少脸部融合后边缘的清晰度，如图 7.10 所示。

图 7.9　渲染滤镜

图 7.10　最终效果

⑥ 将完成的图像保存为"变脸. jpg"。

（2）制作特效文字：蓝冰文字

① 将 Photoshop 工具箱中背景色设置为黑色，前景色设置为白色，单击"文件"→"新建"，新建一个文档，如图 7.11 所示。完成相应设置后单击"确定"按钮关闭对话框。

图 7.11　新建文件

② 单击工具箱中横排文字工具，在背景中拖拽出文本框，输入文字"冰力无极限"。单击"窗口"→"段落"，打开"字符"面板，如图 7.12，设置字体为方正舒体，文字大小为 80 点，垂直缩放 150％，加粗，效果如图 7.13 所示。

图 7.12　"字符"面板

图 7.13　字体效果

③ 单击"图层"→"图层样式"，弹出"图层样式"对话框。单击"斜面和浮雕"，完成相关设置，如图 7.14 所示。单击"渐变叠加"，完成相关设置，如图 7.15 所示。

图 7.14 "斜面和浮雕"样式

图 7.15 "渐变叠加"样式

④ 在图层窗口中选中文字图层,单击"滤镜"→"艺术效果"→"塑料包装",应用一次塑料包装滤镜。按下【Ctrl+F】键,再次应用塑料包装滤镜。

⑤ 单击"图层"→"图层样式"→"描边",设置"描边"样式,如图 7.16 所示。

图 7.16　描边

⑥ 按下【Ctrl＋J】键复制一个该图层的副本,将副本图层的颜色模式设为"颜色减淡",并将不透明度设为 50％,效果如图 7.17 所示。

图 7.17　复制图层

⑦ 使用工具箱中的"涂抹工具"对原始文字图层中的文字进行修饰性的涂抹,最后的效果如图 7.18 所示。将制作好的图片保存为"冰蓝文字.jpg"。

图 7.18　最终效果

2. Photoshop 医学图像处理功能

（1）锐化处理

图像经转换或传输后，质量可能下降，难免有些模糊。可以对图像进行锐化，加强图像轮廓，降低模糊度，使图像清晰。"USM 锐化"按指定的阈值查找值不同于周围像素的像素，并按指定的数量增加像素的对比度。因此，对于由阈值指定的相邻像素，根据指定的数量，较浅的像素变得更亮，较暗的像素变得更暗。

使用 Photoshop 打开实验素材中的"yixue1.jpg"。单击"滤镜"→"锐化/USM 锐化"，弹出"USM 锐化"对话框，设置数量为 200％，半径为 10，阈值为 3，如图 7.19 所示。

图 7.19　USM 锐化

经过处理后的图片（如图 7.21 所示）与原始图片（如图 7.20 所示）相对比，图像效果更为清晰。

图 7.20　原始图片

图 7.21　锐化处理

（2）反相处理

在医学图像的处理过程中还经常通过反相处理来突出所观察的主体。将彩色图像反相后，颜色通道中每个像素的每个分量亮度值会被转换为256减去原始值。如某像素点红色分量的亮度值为255，在反相后该值将变为0；某像素点红色分量的亮度值为5，在反相后该值将变为250。反相后得到的图像类似于该图像的胶片。

在以上锐化的图片基础上，单击"图像"→"调整"→"反相"，即可看到如图7.22的反相效果。

图7.22　反相处理

（3）伪彩色处理

人眼只能区分40多种不同等级的灰度，却能区分几千种不同色度、不同亮度的色彩。伪彩色处理就是把黑白图像的灰度值映射成相应的色彩，适应人眼对颜色的灵敏度，提高鉴别能力。在处理过程中，应注意人眼对绿色亮度响应最灵敏，可把细小物体映射成绿色；人眼对蓝光的强弱对比灵敏度最大，可把细节丰富的物体映射成深浅与亮度不一的蓝色。

使用Photoshop中打开实验素材中的"yixue2.jpg"，图片如图7.23所示。

选择魔术棒工具，设置容差为20，点击图片中深色区域，单击"选择"→"选取相似"，进一步选择图中所有深色区域。由于选择时包含了肺部器官外的背景，因此单击"从选区中减去"按钮，再单击背景部分的深色区域，将背景从当前选区中去掉。

设置前景色为红色，按下【Alt＋Del】键进行填充。

使用同样方法选择图片中浅色与灰色区域，分别使用绿色与蓝色进行填充，处理后的图片如图7.24所示。

7.23　原始图片

图7.24　伪彩色处理

实验十五　医学动画制作

一、实验目的

　　1. 掌握 Flash 的基本操作

　　2. 掌握时间轴上图层和帧的使用

　　3. 掌握简单动画和补间动画的制作

　　4. 掌握元件的制作和使用

二、实验内容与步骤

1. Flash 基本动画制作

（1）逐帧动画的建立和播放

逐帧动画是一种常见的动画形式。其原理是在"连续的关键帧"中分解动画动作，也就是在时间轴的每帧上逐帧绘制不同的内容，使其连续播放，从而形成动画。逐帧动画的每一帧都是关键帧，所以在制作时要逐个设置关键帧。

单击"文件"→"新建"，新建一个 Flash 文档。

单击"视图"→"网格"→"显示网格"，给舞台添加网格。右击舞台，在弹出菜单中选择"网格"→"编辑网格"，调整网格的大小为 40px。

从工具箱中选择"椭圆工具"，在舞台上绘制一个无边线的蓝色圆球，并放置在一个网格中。

单击时间轴上的第 2 帧，按【F6】键插入一个新的关键帧。这时第 1 帧的圆球将被复制到舞台上，切换"椭圆工具"为"选择工具"，将圆球移动到原位置右边的网格中。

以同样步骤在时间轴创建第 3 至 10 关键帧，并在各帧上分别将圆球右移一格，整个动画制作完成。

在时间轴下部单击绘图纸"外观"按钮，使各帧以"洋葱皮"方式透明地显示出来，如图 7.25 所示。

单击"文件"→"保存"，将制作好的动画以文件名"Frame. fla"保存到相应文件夹下。

图 7.25　逐帧动画

完成动画制作后，按下【Enter】键可观看动画效果，再次按下【Enter】键则停止播放。

在 Flash 中还可以将制作好的动画文件编译为使用浏览器播放的 swf 文件。按下【Ctrl＋Enter】键，或单击"控制"→"测试影片"，通过独立播放器播放动画。此时，Flash 会自动生成一个名字为"Frame. swf"的文件，并保存在和"Frame. fla"文件相同的文件夹中。

（2）补间动画的制作

逐帧动画是一帧一帧地制作，每一帧都是关键帧，这种动画的特点为文件大，制作也比较麻烦，比如要制作一个人物走动的动画，就必须在每一帧上去调整人物的形态和动作。为了简化某些动画的制作过程，Flash 提供了补间动画的制作方式。补间动画可以根据起始的状态和最终的状态，由软件完成过渡帧的制作。当然这也就要求从起始状态到最终状态的变化应有一定规律，否则系统无法完成补间动画。

Flash 可以创建两种类型的补间："补间形状"和"补间动画"。

补间形状是指系统自动完成从一种形状变化到另一种形状之间的变化帧。补间动画是指系统根据起始和最终两个关键帧中对象的属性变化来自动制作两帧之间的变化帧。

① 补间形状的制作，使得圆形变为正方形。

打开 Flash，创建一个新的 Flash 文档。在舞台上单击鼠标右键，在弹出菜单中单击"文档属性"。在"文档属性"对话框中设置舞台属性为 500＊300 像素，背景为黑色，帧频 10。

选定时间轴上图层 1 的第 1 帧，从工具箱中选择"椭圆工具"，设置笔触颜色为绿色，在舞台上绘制一个绿色圆圈。

在时间轴第 10 帧上右击，在弹出菜单中单击"插入帧"或按【F6】键，插入关键帧。

选中第 10 帧，将绿色圆圈删除，再从工具箱中选择"矩形工具"，设置笔触颜色为红色，在舞台上绘制一个红色矩形。

任选 1 到 10 帧中的某一帧，在舞台下方的"属性"标签页中设置"帧"→"补间"→"形状"，系统将生成 1 至 10 帧中间的补间形状变化。

动画制作完成后按【Ctrl＋Enter】键观看形状补间动画的效果。

完成后将制作好的动画文件以文件名"Roundshape.fla"保存到相应文件夹中。

② 补间动画的制作，小球跳动的运动渐变。

补间动画的制作关键在设置对象的运动渐变，运动渐变实质是在两个关键帧之间建立对象的变化关系。

打开 Flash，新建一个 Flash 文档，双击时间轴上的"图层 1"，重命名为"地面"。

选择"地面"层的第 1 帧，使用"矩形工具"在舞台下部绘制矩形作为地面。选定第 30帧，按【F6】键插入关键帧。单击地面层上的"锁"按钮，将"地面"层锁定，如图 7.26 所示。

图 7.26　时间轴的锁定　　　　　　　图 7.27　图片符号的设置

新建一个新的层，命名为"球"。选定"球"层的第 1 帧，选择工具箱中的"椭圆工具"，设置笔触颜色为绿色，设置填充色为绿色，在舞台上绘制一个绿色小球。选定小球，单击菜单"修改"→"转换为元件"，在弹出的对话框中，设置符号名字"ball"，并设置符号的行为为图形。将小球转换成图片符号，如图 7.27 所示。

将"椭圆工具"切换为"选择工具",拖动小球至舞台左侧适当的位置,选定"球"层的时间轴第 30 帧,按【F6】插入一个关键帧。选中第 30 帧,将第 1 帧的小球图片拖动至舞台的右侧适当的位置。任选中第 1 到 30 帧中的某一帧,在舞台下方的"属性"标签页中设置"帧"→"补间"→"动作",建立补间动画。

在"球"层的第 15 帧的位置按【F6】键插入一个关键帧。选中第 15 帧,按下【Shift】键,将第 15 帧的小球沿垂直方向拖动到贴近地面的位置。

右击小球,在弹出菜单中单击"任意变形",分别在第 1 帧、第 15 帧和第 30 帧中调整小球的大小,使其由大变小。

图 7.28　小球的运动变化

制作完成的动画中小球将落下后弹起,并由大变小,运动形式如图 7.28 所示。在 Flash 中按下【Ctrl＋Enter】键观看动画效果。

将制作完成的动画文件以文件名"balljump.fla"保存到相应文件夹下。

（3）轨迹动画的制作

在之前实验中所设计的几个动画,对象的运动轨迹都是直线,但是在很多动画中物体运动路径并不规则,如月亮绕着地球旋转,鱼儿在大海里遨游等,在 Flash 中也可以实现这些轨迹动画的效果。

轨迹动画实际上是将一个或多个层链接到一个运动引导层,使一个或多个对象沿同一条路径运动,这种动画形式也被称为"引导路径动画"。轨迹动画可以使一个或多个元件完成曲线或不规则运动。以下实验将制作飞机沿指定路线飞翔的轨迹动画。

启动 Flash,新建一个 Flash 文档。

双击"图层 1",将"图层 1"重新命名为"背景",单击"文件"→"导入"→"导入到舞台",选择素材文件夹下的"天空.jpg"作为动画的背景,如图 7.29 所示。

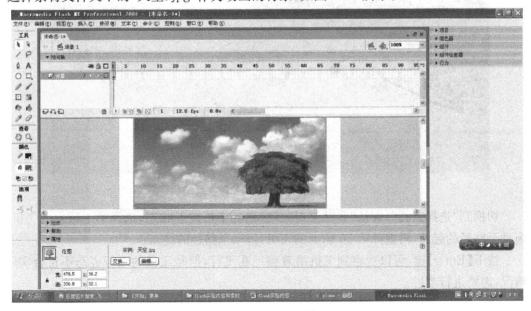

图 7.29　导入文件

单击"修改"→"转换为元件",将背景图转换成图形元件"背景",单击第 50 帧,按【F6】键插入关键帧。

插入新图层,将图层命名为"飞机",单击"文件"→"导入"→"导入到舞台",选择素材文件夹中的"飞机.jpg"。选中导入的"飞机"图像,按下【Ctrl＋B】,然后选择"套索工具",在下方的选项中选择"魔术棒",点击选择飞机图片中的白色部分,按【Del】键删除白色背景,如图 7.30 所示。

单击"修改"→"转换为元件",将飞机图像转换成图形元件"飞机",然后单击第 50 帧,按【F6】插入关键帧,将第 50 帧中的"飞机"拖动到舞台的右侧,通过右键菜单中的"任意变形"将"飞机"变小。

图 7.30　去掉背景的飞机

任选中第 1 到 50 帧中的某一帧,在舞台下方的属性标签页中设置"帧"→"补间"→"动作",建立补间动画。这时按【Enter】,可以看到一个直线飞行且渐行渐远的飞机运动。

选择"飞机"图层,单击"添加运动引导层"按钮,在"飞机"图层上添加一个引导层,"飞机"图层自动缩进,如图 7.31 所示。

图 7.31　添加运动引导层

选择"铅笔工具",在舞台上画出自由设计的轨迹,如图 7.32 所示。

图 7.32　画出轨迹

切换到"选择工具",确认"紧贴至对象"按钮处于被按下状态,选择第 1 帧上的飞机,拖动至路径的起点,再选择第 50 帧上的飞机,拖动至路径的终点。

按下【Enter】键,可以观察到飞机沿着路径在飞行,但是飞机的飞行姿态不符合实际情况,需要进行改进。

选择第 1 帧,在"属性"面板中选择"调整到路径"复选框,完成对飞行姿态的调整,如图 7.33 所示。

图 7.33 改进飞机姿态

将制作完成的动画文件以文件名"plane.fla"保存到相应文件夹下。

(4) 遮罩动画的制作

遮罩动画的原理是在舞台前增加一个类似于电影镜头的对象,这个对象不仅仅局限于圆形,也可以是任意形状。所制作的动画将只显示电影镜头"拍摄"出来的影像,其他不在电影镜头区域内的舞台对象将不会显示。

启动 Flash,新建一个 Flash 文档,保持文档属性的默认设置。

双击"图层 1"重新命名为"背景",单击"文件"→"导入"→"导入到舞台",选择素材文件夹中的"夜色.jpg"作为背景,如图 7.34 所示。

图 7.34 遮罩动画的背景

插入新图层,将图层命名为"椭圆",使用"椭圆工具"绘制一个椭圆,无边框,任意颜色,此椭圆将作为遮罩动画中的电影镜头对象。如图 7.35 所示。

图 7.35　插入椭圆图层

　　右击"椭圆"图层,在弹出的菜单中单击"遮罩层",定义遮罩动画效果。定义后,图层结构出现变化。"背景"图层图标改变,从普通图层变成了被遮罩层(被拍摄图层),并且图层缩进,图层被自动加锁。"椭圆"图层图标改变,从普通图层变成了遮罩层(放置拍摄镜头的图层),并且图层也被自动加锁。如图 7.36 所示。

图 7.36　定义遮罩动画效果

　　舞台也出现变化,舞台上只显示"电影"镜头拍摄出来的图像,其他不在电影镜头区域内的图像不再显示,如图 7.37 所示。

图 7.37　遮罩效果舞台显示

按下【Ctrl＋Enter】组合键测试影片，观察动画效果，可以看到影片中只显示了电影镜头区域内的图像。

图 7.38 改变镜头形状

在"背景"图层的第 15 帧按【F5】键添加一个普通帧，将"椭圆"图层解锁；在"椭圆"图层的第 15 帧按【F6】键添加一个关键帧，将"椭圆"图层的第 15 帧上的椭圆放大尺寸，定义从第 1 帧到第 15 帧为补间形状，如图 7.38 所示。

按下【Ctrl＋Enter】组合键测试影片，观察动画效果，可以看到影片中只显示了电影镜头区域内的图像，并且随着电影镜头（椭圆）的逐渐变大，显示出来的图像区域也越来越大。

将"背景"图层上的椭圆放置在舞台左侧，将"椭圆"图层的第 15 帧上的椭圆的大小恢复到原来的尺寸，并放置在舞台的右侧。

按下【Ctrl＋Enter】组合键测试影片，观察动画效果，可以看到影片中随着电影镜头（椭圆）的位置移动，显示出来的图像内容也发生变化。

将制作完成的动画以文件名"mask.fla"保存到相应文件夹中。

2. Flash 医学动画处理功能

以下内容将用 Flash 来实现一个简单的医学动画片段——vWF 因子的变化。

启动 Flash，新建一个 Flash 文档，保持文档属性的默认设置。

选择"图层 1"的第 1 帧，选择工具箱中的"椭圆工具"，设置笔触颜色为黑色，设置填充色为黑色，在舞台上绘制一个黑色球。选择"文本工具"，在球体上拖放出一个文本框，在舞台下方的文本属性中选择字号为 30，文本填充颜色为蓝色，输入"vWF"，利用选择工具适当调整文本的位置。单击菜单"视图"→"隐藏边缘"，将文本框边缘隐藏。选择整个球体，单击"修改"→"转换为元件"，将球与文字转换成一个图形元件"元件 1"。

选定第 30 帧，按【F6】键插入关键帧。单击"图层 1"上的锁，将图层 1 锁定，如图 7.39 所示。

图 7.39 创建 wWF 因子

新建"图层 2",选定"图层 2"第 1 帧,选择工具箱中的"椭圆工具",设置笔触颜色为黑色,设置填充色为绿色,在舞台上绘制一个绿色小球。然后选择"矩形工具",设置无笔触颜色,设置填充色为蓝色,在舞台上绘制三个小矩形条。用"选择工具"选中下方的矩形,单击菜单"修改"→"变形"→"旋转与倾斜",分别将两个矩形条向中间倾斜,然后移动调整矩形条的位置,如图 7.40 所示。选择小球和三个矩形条,单击菜单"修改"→"转换为元件",将小球与矩形条转换成一个图形元件"元件 2"。

图 7.40   创建抗原抗体 1

复制一个"元件 2",将"元件 1"和"元件 2"分别拖放到 vWF 分子左下角和右上角,并旋转至相应位置,如图 7.41 所示。

图 7.41   创建抗原抗体 2

分别在图层 2 的第 5 帧、第 10 帧、第 15 帧、第 20 帧、第 25 帧和第 30 帧添加关键帧,并设置渐进的效果,如图 7.42～7.47 所示。

图 7.42 第 5 帧渐进效果

图 7.43 第 10 帧渐进效果

图 7.44　第 15 帧渐进效果

图 7.45　第 20 帧渐进效果

图 7.46　第 25 帧渐进效果

图 7.47　第 30 帧渐进效果

☞ 章节练习

1. 自己命题自由创作一幅 Ps 作品。
2. 制作一个介绍自己学校的 Flash 动画。

第 8 章　医学信息系统

目前我国的医学信息系统主要分成两个部分。管理信息系统(HMIS)围绕费用、药品、设备、总务、成本等基础业务,提供除完成医疗与办公以外的主要日常工作的各类功能;临床信息系统(CIS)以医疗为主、教学为辅,围绕医护人员的基础业务,提供医护人员一个更高效、高质完成日常工作的信息平台。本章实验我们以一款模拟医院信息系统为例,主要介绍 CIS 的主要组成和相关操作。

实验十六　医学信息系统的基本操作

一、实验目的

1. 了解 HIS 的构成和作用
2. 了解电子病历的构成和作用

二、实验内容与步骤

1. HIS 的基本组成

① 药库管理子系统。基本功能包括:出库入库数据处理,库存管理,药品价格管理,药品目录管理,以及从多角度多层面的对出库/入库/库存数据的查询统计。

② 药房管理子系统。基本功能包括:出库入库数据处理,库存管理,以及从多角度多层面的对出库、入库、库存数据的查询统计。

③ 门诊管理子系统。基本功能包括:挂号、处方、收费、取药。

④ 住院登记子系统。实现住院处所需的各种功能,包括住院预约、住院登记、空床查询等。

⑤ 病房护士工作站。实现了对病房中病人信息管理所需的各种要求,包括病人信息、医嘱、床位、摆药、出院通知、查询、维护、帮助功能。

⑥ 病区住院医生工作站。实现对病房中病人信息管理所需的各种要求,包括病人信息、医嘱、床位、摆药、出院通知、查询、维护、帮助功能。

⑦ 电子病历系统。用电子设备保存、管理、传输和重现的数字化的病人医疗记录,取代了手写纸张病历。

⑧ 医学影像存储与传输系统。主要有四个主要功能模块:系统管理与配置、DICOM服务、预约分诊模块、报告子系统。

2. 电子病历的基本使用

①　双击电子病历工作站图标,启动电子病历子系统。启动后,显示登录画面,使用相应的用户名和密码即可登录系统。

②　进入系统后,出现病人选择窗口,如图 8.1 所示。

③　单击"病人 ID"右侧的按钮,会出现病人名单,如图 8.2 所示。

图 8.1　病人选择窗口

图 8.2　病人信息窗口

④　在病人信息窗口中双击需要查看的病人行,完成对病人信息的提取,如图 8.3 所示。

图 8.3　病人详细信息

⑤　单击图 8.3 中的"病案首页",弹出"病案首页"对话框,如图 8.4 所示。"病案首页"对话框中的每个页面,反映了该病人入院以来的各个过程的记录,可单击相应标签查看相应信息。

图 8.4　病案首页

⑥ 单击图 8.3 中的"基本信息",弹出"病人基本信息"对话框,如显示病人的基本信息,图 8.5 所示。在此对话框中可以选择"病史陈述者"。

图 8.5　病人基本信息

⑦ 单击图 8.3 中的"主诉",弹出"主诉"对话框,如图 8.6 所示。可以在此页面中输入主诉内容。

图 8.6　主诉对话框

⑧ 单击图 8.3 中的其他项,系统将弹出相应对话框,用户可以查看该病人的现病史、既往史、个人史、家族史等信息。

☞章节练习

1. HIS 有哪些基本组成部分? 每一部分都起什么作用?
2. 对病人病历的编辑,可以在该病人出院之后进行吗? 为什么?

第9章　医学数据检索与分析

随着互联网时代的到来，它对推动和促进医学事业发展的巨大价值也日益体现。但是，由于互联网上的信息量过大，给医药工作者快速、准确地查找所需医学信息带来一定困难。

另外，随着现代信息技术的广泛应用，医药行业积累了大量的数据资料。然而，面对浩瀚的数据海洋，该如何将数据转化为有价值的信息和知识呢？

本单元实验从这两个方面着手，培养各位同学获取信息的能力以及处理数据、分析数据的能力。

实验十七　常用医学数据库的使用

一、实验目的

1. 了解 PubMed 数据库的访问方法
2. 能够使用 PubMed 搜索相关主题的论文

二、实验内容与步骤

PubMed 由美国国立医学图书馆（NLM）、国际 MEDLARS 成员（中国为第 16 个成员国）及合作的专业组织共同研制开发，是目前国际上公认的检索生物医学文献最具权威、利用率最高、影响最广的数据库，也是我国卫生部认定的科技查新必须检索的国外医学数据库。

1. 基本检索

（1）访问 PubMed 主页

启动 IE 浏览器，在地址栏输入网址 http://www.PubMed.com，按【Enter】键访问 PubMed 数据库网页，如图 9.1 所示。

图 9.1　PubMed 主页

（2）检索"肺癌与吸烟"相关文献

在首页的基本检索输入框中输入"lung cancer AND smoking"，单击"Search"按钮。网页将显示检索的结果。可查看共检索出多少篇文献，以及综述（Review）和带有免费全文（Free Full Text）的各有多少篇。

（3）改变显示格式

在"Display Settings"的下拉列表中有"Format"、"Items Per Page"、"Sort By"等三种显示设置选项，如图 9.2 所示。

图 9.2　检索结果显示设置

根据需要选择相应的选项,单击"Apply"按钮应用显示设置。查看其显示格式、显示结果数量以及检索结果排序的变化。

(4) 修改检索细节

在显示结果页面右下角"Search details"文本框中查看系统实际使用的检索式。将检索式修改为""lung neoplasms"[MeSH Terms] AND "smoking"[MeSH Terms]",如图9.3所示,单击"Search"按钮,查看检索结果的变化。

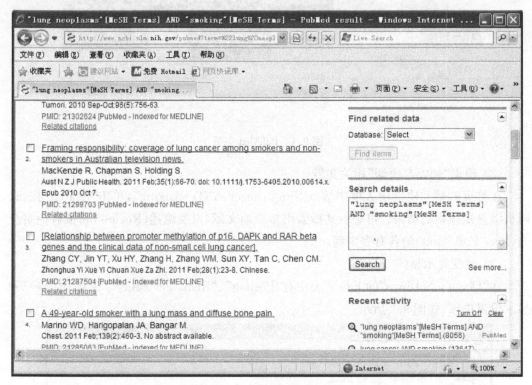

图9.3　检索表达式的修改

(5) 查看检索历史

点击网页上部"Advanced Search"链接,弹出"Advanced Search"页面。在"Search History"下查看检索历史,比较两个检索式的结果数量差异。如图9.4所示。

(6) 输出检索结果

在检索结果中任选几条记录,在记录前的复选框中打钩,单击"Send to"命令,显示如图9.5所示的下拉列表,根据需要选择结果输出方式。

图 9.4 查看检索历史

图 9.5 设置结果输出方式

2. 高级检索

利用"Advanced search"，检索 2003 年以来，钟南山教授作为第一作者发表的关于 SARS 方面的论文。

① 在 PubMed 主页单击"Advanced search"，进入高级检索界面。

② 在"Search Builder"中选择"First Author"，检索输入框中输入"zhong ns"，单击 "add to search box"。

③ 在"Search Builder"中选择"Text Word"，检索输入框中输入"SARS"，单击"add to search box"。

④ 在"Search Builder"中选择"Publication Date"，检索输入框内输入"2003 to Present"，单击"add to search box"。如图 9.6 所示。

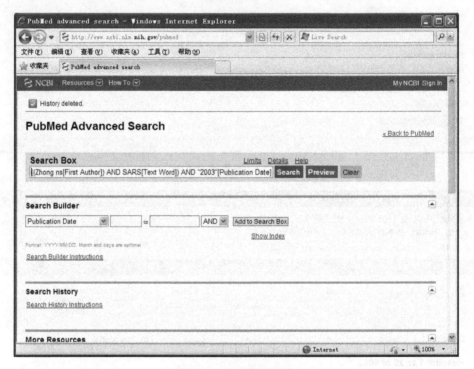

图 9.6　高级检索设置

⑤ 点击 Search 完成检索。

实验十八　常用医学数据处理软件的使用

一、实验目的

1. 熟悉 Matlab 的集成开发环境
2. 掌握 Matlab 的基本操作

3. 能够使用 Matlab 进行简单的医学数据处理

二、实验内容与步骤

Matlab 全称 MATrix LABoratory，由 Mathworks 公司开发，是一种面向科学与工程计算的应用软件。它允许用数学形式的语言来编写程序，用 Matlab 编写程序犹如在演算纸上排列出公式与求解问题一样。因此 Matlab 语言也可称为"演算纸"式的科学算法语言，编写简单、编程效率高、易学易懂。Matlab 还可以作为实验数据处理及作图工具、科研建模及计算工具。本单元实验使用 Matlab 7.0 版本进行演示。

1. 熟悉 Matlab 集成开发环境

（1）Matlab 的启动

启动 Matlab 的最常用方法是从"开始"菜单的程序选项中单击 Matlab 7.0。当然用户也可以在桌面上建立 Matlab 的快捷方式，以方便启动。

（2）Matlab 的退出

退出 Matlab 系统，有三种常见方法：

Ⅰ. 在 Matlab 主窗口"File"菜单中选择"Exit Matlab"命令。

Ⅱ. 在 Matlab 命令窗口输入"Exit"或"Quit"命令。

Ⅲ. 单击 Matlab 主窗口的"关闭"按钮。

（3）Matlab 界面

启动 Matlab 后，将进入 Matlab 集成环境，如图 9.7 所示。

图 9.7　Matlab 界面

Matlab 集成环境主窗口包括"命令"窗口（Command Window）、"工作空间"窗口（Workspace）、"命令历史"窗口（Command History）、"当前目录"窗口（Current Directory）以及菜单栏和工具栏。在默认情况下，还有一些窗口没有显示，如"图形"窗口、"Profiler"窗口等。

① Matlab 菜单栏和工具栏。

Matlab 主窗口的菜单栏包含 File、Edit、Debug、Desktop、Window 和 Help 六个菜单项。

Ⅰ. File 菜单项：File 菜单项实现有关文件的操作。如：New、Open、Preferences、Page Setup、Print 和 Exit Matlab。

Ⅱ. Edit 菜单项：Edit 菜单项用于命令窗口的编辑操作。

Ⅲ. Debug 菜单项：Debug 菜单项用于 M 文件的调试操作。

Ⅳ. Desktop 菜单项：Desktop 菜单项用于设置 Matlab 的桌面环境。

Ⅴ. Window 菜单项：Window 菜单用于选定桌面上指定的窗口。

Ⅵ. Help 菜单项：Help 菜单项用于提供帮助信息。

Matlab 主窗口的工具栏共提供了十个命令按钮。这些命令按钮均有对应的菜单项，但比菜单项使用起来更快捷方便。

② "命令"窗口。

"命令"窗口是 Matlab 的主要交互窗口，用于输入命令并显示除图形以外的所有执行结果，"命令"窗口如图 9.8 所示。

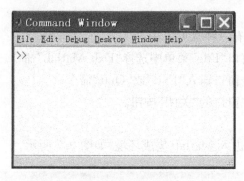

图 9.8   Matlab 命令窗口

在"命令"窗口中的">>"为命令提示符，表示 Matlab 正在处于准备状态。在命令提示符后键入命令并按下回车键后，Matlab 就会解释执行所输入的命令，并在命令后面给出计算结果。

一般来说，一个命令行输入一条命令，命令行以回车结束。但一个命令行也可以输入若干条命令，各命令之间以逗号分隔，若前一命令后带有分号，则逗号可以省略。在语句末尾添加分号（；），可以防止输出结果显示到屏幕上，在创建大矩阵时很有用，例如：

>> A=magic(100);

如果一个命令行很长，一个物理行之内写不下，可以在第一个物理行之后加上三个小黑点并按下回车键，然后在下一个物理行继续写该命令的其他部分。三个小黑点称为"续行符"，即把下面的物理行看作该行的逻辑继续。

③ "工作空间"窗口。

Matlab 工作空间由一系列变量组成，可以通过使用函数、运行 M 文件和载入已经存在的工作空间来添加变量。可以通过"工作空间"窗口查看每个变量的名称、值、数组大小、字节大小和类型。用 who 函数可以列出当前工作空间中的所有变量，用 whos 函数列出变量和它们的大小及类型等信息。

退出 Matlab 时,工作空间中的内容会随之清除。可以将当前工作空间中的部分或全部变量保存到一个扩展名为".mat"文件中,便于在以后使用时载入。

图 9.9　工作空间窗口

按照下面的步骤保存所有变量:

单击菜单"File"→"Save workspace as",在弹出的对话框中选择保存路径和文件名,单击"Save"按钮完成保存。

按照下面的步骤保存部分变量:

在工作空间浏览器中选择变量,按住【Shift】键的同时单击相应变量名,选择多个变量。单击菜单"File"→"Save workspace as",在弹出的对话框中选择保存路径和文件名,单击"Save"按钮完成保存。

而将变量载入工作空间可以直接选择"File"菜单的"Import Data",然后根据向导导入变量。在导入过程中可以选择导入其中的部分变量。如果文件中的变量名与已有的变量名相同,则覆盖已有变量。

④"命令历史"窗口。

在默认设置下,"命令历史"窗口中会自动保留自安装起所有用过的命令的历史记录,并且标明使用时间,从而方便用户查询。如图 9.10 所示。

图 9.10　命令历史窗口

通过双击命令行可以再次进行此历史命令。可以选择"Edit"菜单中的"Clear Command History"命令清除这些历史记录。

⑤"当前目录"窗口。

在"当前目录"窗口中用户可以浏览、搜索、查看、打开、查找和改变 Matlab 工作路径和文件。如图 9.11 所示。

图 9.11　当前目录窗口

⑥ Matlab 的帮助系统。

在桌面工具条上单击问号按钮,可以打开帮助浏览器,在帮助浏览器中可以搜索和查看 MathWorks 产品的文档和示例。帮助浏览器主要由左右两个面板组成,一个是树形目录结构面板,用于查找信息,另一个是显示面板,用于显示和查看信息。如图 9.12 所示。

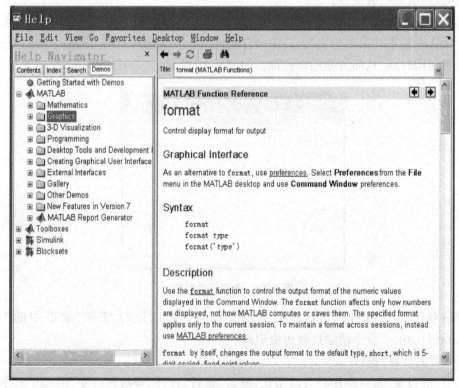

图 9.12　帮助浏览器

树形目录结构面板有四个选项卡：

Ⅰ. Contents：查看文档内容的标题和目录

Ⅱ. Index：根据指定的关键词在文档中进行查找

Ⅲ. Search Results：在文档中查找指定的单词

Ⅳ. Demos：查看和运行 MathWorks 产品的演示程序

2. 简单医学数据处理

Matlab 以数组和矩阵为基础，具有丰富的库函数，这些函数在药动学模型的运算中非常有用。Matlab 还提供了一系列绘图及图形控制函数（命令），在图形窗口中提供了可视化的图形编辑工具，以完成各种图形对象的编辑处理，可供制作药时曲线、剂量—效应曲线、药物效应—时间曲线以及数据统计图等图表。

给动物口服 A 药物 1 000 mg，每间隔 1 小时测定血药浓度（g/ml），得如表 9.1 所示的数据，试建立血药浓度（因变量 y）对服药时间（自变量 x）的回归方程。

表 9.1　服药时间与血药浓度关系

服药时间 x/h	血药浓度 $y/g \cdot ml^{-1}$	服药时间 x/h	血药浓度 $y/g \cdot ml^{-1}$
1	21.89	6	66.36
2	47.13	7	50.34
3	61.86	8	25.31
4	70.78	9	3.17
5	72.81		

（1）输入数据

x＝1:9；

y＝[21.89,47.13,61.86,70.78,72.81,66.36,50.34,25.31,3.17]；

（2）作散点图，如图 9.13，初步确定拟合函数的性质及多项式的次数

图 9.13　血药浓度散点图

```
newx='服药时间 h';
newy='血药浓度/g·ml-1';
plot(x,y,'o');
xlabel('newx');
ylabel('newy');
```

（3）执行 polyfit 命令

```
[b,s]=polyfit(x,y,2);
```

得结果：

b= -3.7624   34.8269   -8.3655

即回归方程为：$y = -3.7624x^2 + 34.8269x - 8.3655$

☞章节练习

1. 文献的显示格式 Summary、Brief、Abstract 有何不同？

2. 检索 20 世纪 90 年代以来有关学龄前儿童白血病(leukemias)化疗的带文摘且为综述的英文文献。

3. 检索药物治疗(drug therapy)心血管疾病(cardiovascular disease)方面的文献。

4. 检索瘦素(Leptin)与 2 型糖尿病(Type 2 Diabetes)关系的文献。

5. 已知一室模型快速静脉注射下的血药浓度数据(t=0 注射 300 mg)，在一定时刻采集血样，测得血药浓度如表 9.2 所示。建立血药浓度随时间变化的模型。

表 9.2　血药浓度变化表

t(h)	0.25	0.5	1	1.5	2	3	4	6	8
c(μg/ml)	19.21	18.15	15.36	14.10	12.89	9.32	7.45	5.24	3.01

参考文献

[1] 郑宇,翟双灿. 信息技术实践教程[M]. 北京:高等教育出版社,2011.

[2] 王海舜,刘师少. 信息技术应用导论[M]. 北京:科学出版社,2012.

[3] 刘瑞新. 大学计算机基础[M]. 北京:机械工业出版社,2014.

[4] 莫海芳,张慧丽. 大学计算机应用基础实验指导(Windows7＋Office2010)[M].
2 版. 北京:电子工业出版社,2013.

[5] 全国计算机等级考试命题研究中心,未来教育教学与研究中心. 全国计算机等级
考试一本通———一级计算机基础及 MS Office 应用[M]. 北京:人民邮电出版
社,2015.